Michael Hübler

# Wie Therapeuten ihren Klienten auf die Nerven gehen

## Über Focusing, Intuition und neurowissenschaftliche Erkenntnisse

D1663165

Michael Hübler

# Wie Therapeuten ihren Klienten auf die Nerven gehen

## Über Focusing, Intuition und neurowissenschaftliche Erkenntnisse

GRIN Verlag

Bibliografische Information Der Deutschen Bibliothek: Die Deutsche
Bibliothek verzeichnet diese Publikation in der Deutschen Nationalbibliografie;
detaillierte bibliografische Daten sind im Internet über http://dnb.ddb.de/
abrufbar.




1. Auflage 2009
Copyright © 2009 GRIN Verlag
http://www.grin.com/
Druck und Bindung: Books on Demand GmbH, Norderstedt Germany
ISBN 978-3-640-27380-5

Michael Hübler

# Wie Therapeuten ihren Klienten auf die Nerven gehen

Über Focusing, Intuition und neurowissenschaftliche Erkenntnisse

# Inhaltsverzeichnis

3

# 0 Vorwort: Warum wir reagieren, wie wir reagieren!

Stellen Sie sich vor, Sie haben ein Problem und wissen nicht wohin damit. Sie wissen nicht, wem Sie dieses Problem erzählen könnten. Nun treffen Sie einen Menschen, der Ihnen irgendwie sympathisch ist. Nein, sympathisch wäre zuviel gesagt oder noch zu früh. Sie kennen ihn ja kaum und das Ganze ist auch mehr so eine Ahnung. Er macht einfach einen offenen Eindruck, hat eine offene Körperhaltung und eine freundliche, nette Art zu reden. Vielleicht bewegt er sich ein wenig langsamer, nicht so hektisch wie der normale Alltag sonst so abläuft. Und er hat etwas ... achtsames. Ein seltsames Wort. Achtsamkeit. Nun ja, er sagt zu Ihnen: "Machen Sie es sich bequem" und "Passt es so?" und "Fühlen Sie sich gut so?" und "Lassen Sie sich ruhig Zeit" oder "Bin ich zu nah oder ist es OK so?". Und offensichtlich meint er das auch genau so. Offensichtlich haben Sie jemanden vor sich, der großen Wert auf Anfangssituationen legt – jene Situationen, die den Grundstein für jede Art der Beziehung legen, seien es Geschäftsbeziehungen oder Freundschaften. Kurzum: Sie sitzen einem Menschen gegenüber, dem Sie auf irgendeine noch nicht ganz bewusste Art Vertrauen schenken.

Ich will jetzt nicht sagen, dass so eine Situation nur in Focusing-Beratungs- und Therapiesitzungen passiert. Natürlich sollte jedes beraterische oder therapeutische Setting so beginnen, damit der Klienten-Mensch[1] sich wohl und angenommen fühlt, um sich hier und jetzt und für später entfalten zu können. Doch im Focusing wird hierauf definitiv ein großer Wert gelegt.

Doch dies ist – wie gesagt – nicht nur im Focusing von Bedeutung. Der Neurologe und Psychiater David Servan-Schreiber empfiehlt seinen Studenten und angehenden Ärzten die Gesprächsmethode oder -abfolge 'ELSE'.[2] Eine Methode, die doch sehr an das erinnert, was an Fragen und Antworten im Focusing angewandt wird:

- "Welche **E**motionen haben Sie dabei empfunden?"
- "**L**assen Sie mich das Schwierigste dabei wissen."
- "Was hilft Ihnen am meisten, dem Druck **s**tandzuhalten?"
- Und **E**mpathie: Hier findet der Ausdruck des Mitgefühls des Beraters seinen Platz.

Ich denke natürlich v.a. an Fragen wie: "Was ist das Schlimmste daran?", "Was ist das Gute daran?", "Wie fühlt sich das an?", "Was würde Ihnen jetzt gut tun?" und natürlich "Wenn ich das so sehe bekomme ich ein Bild, ein Gefühl, einen Ausdruck von ...", um eine kleine Auswahl an möglichen Focusing-Fragen zu nennen.

Was passiert nun in uns, wenn wir uns in einem beraterischen Setting befinden – vorerst einmal egal auf welcher Seite? Wenn zwei Menschen eine positive Verbundenheit empfinden, stellt sich das ein, was wir Vertrauen nennen. Gleichzeitig wird – wie der Neurobiologe Joachim Bauer anschaulich in seinem Buch "Prinzip Menschlichkeit" darstellt – der sogenannte Bindungsstoff Oxytozin ausgeschüttet. Dieses Hormon wird durch unseren Körper gepumpt, wenn wir Vertrauen empfinden und verstärkt gleichzeitig die Bindung zu der vertrauenspendenden Beziehung. Weiterhin führt die Ausschüttung von Oxytozin zu Glücks- und Genussgefühlen und wirkt dadurch ähnlich wie Dopamin als Motivator für unser Verhalten. Dabei gilt: Dopamin motiviert uns unabhängig von anderen Personen, wird jedoch mit ausgeschüttet, wenn ebenso Oxytozin als personenabhängiger

---

1  Die Begriffe Klienten- und Therapeuten-Mensch habe ich von Klaus Renn übernommen. Sie dienen als Versuch, dem Dilemma der weiblichen-männlichen Schriftweise des 'Innen' zu entkommen. Sie wirken für ungeübte Ohren zuerst eventuell ein wenig umständlich, haben mich jedoch aufgrund ihres warmen und respektvollen Klangs in meinen Ohren überzeugt.
2  Siehe Servan-Schreiber: Die Neue Medizin der Emotionen, S. 237ff

Motivator durch unseren Körper fließt.[3]

Doch leider haben Menschen, die in ihrer Kindheit zu wenig gestreichelt oder in den Arm genommen wurden als Erwachsene ein Defizit im 'Sich-Selbst-Fühlen'. Solchen Menschen fällt es schwer, einen guten Zugang zu ihrem Körper zu bekommen. Oftmals besteht der Drang in ihnen, dieses Defizit nachzunähren. Allerdings ist dies oft mit der Schwierigkeit verbunden, selbst gar nicht so recht fähig zu sein, andere und sich selbst zu spüren: Ein Teufelskreis, der nur durch langsame, zarte Kontakte durchbrochen werden kann.[4]

Und schließlich kommt noch ein dritter Botenstoff hinzu, die sogenannten endogenen Opioide. Diese Stoffe wirken sich in unserem Körper schmerzregulierend und beruhigend aus. Sie helfen uns, uns zu entspannen und wohlzufühlen oder über große Anstrengungen, z.B. nach einem Unfall, hinwegzukommen. Doch was haben diese rezeptfreien körpereigenen Drogen mit unserem oben geschilderten Setting zu tun? Ganz einfach: Auch dieser Stoff wird ausgeschüttet, wenn wir mit anderen Menschen zusammen sind, die sich um uns kümmern. Dies konnte u.a. in einer Studie von Zubieta[5] mit Ärzten nachgewiesen werden, die lediglich mit Zuwendung (quasi als menschlichem Placebo) arbeiteten, anstatt Schmerzmittel zu verteilen – mit dem Effekt, das die Schmerzen der Patienten sich alleine durch die Zuwendung reduzierten.

Oxytozin, Dopamin und Opioide bilden also ein Triumvirat aus Stoffen, die immer dann ausgeschüttet werden, wenn wir anderen Menschen vertrauen, d.h. wenn eine gute Bindung vorhanden ist. Nun wird klar, ...

- warum Kinder auf Mamas oder Papas Schoß wollen, wenn Sie traurig sind.
- warum sich Menschen, die sich in einem fremden Land in einem Bus befinden und sich
- nicht auskennen, mit den Blicken aneinander 'klammern'.
- warum wir uns, wenn wir traurig sind umarmen und vielleicht erst dann wirklich, echt und hemmungslos zu weinen beginnen.
- warum dies alles nicht so schlimm ist, weil in uns einiges wirkt, das uns mit vertraut-fremder Hilfe wieder neuen Mut macht und
- warum es in therapeutischen Settings so wichtig ist, dass die Beziehung stimmt, damit auf deren Basis eine Öffnung des Klienten-Menschen geschehen kann.

Langfristig erwächst so aus Vertrauen von Anderen Selbstvertrauen oder 'sich selbst etwas zutrauen'. Aus Bindung erwächst so die Motivation, sich weiterzuentwickeln. Aus Bindung erwächst die Kraft, Schmerzen hinzunehmen oder gar nicht erst zu spüren. Und aus Vertrauen erwächst letztendlich wieder Vertrauen.

Nebenbei bemerkt kann einer gebärenden Frau vor diesem Hintergrund nichts besseres passieren als eine konfliktarme, gute Beziehung zu einem Mann (oder einer anderen Bezugsperson) zu haben. Wenn dieser Mann sie über die gesamte Geburt hinweg begleitet, wird sie wahrscheinlich keine Schmerz- oder andere Hilfsmittel brauchen.

Dies ist nur ein Beispiel, wie neurobiologische Forschungen in den letzten etwa zehn Jahren immer wieder aufs Neue bestätigen, was in der Beratungs- und Therapierichtung Focusing bereits seit langem bekannt ist – getragen durch das intuitive Wissen:"Ja, das funktioniert!" – nur eben ohne den in unserer westlichen Welt oft so wichtigen wissenschaftlichen Nachweis, sprich: die höheren Weihen.

---

3 Laut Gerhard Roth entsteht in dem Moment, in dem eine Entscheidung getroffen und bewertet wird, ein Willensruck und wird Dopamin ausgeschüttet, wenn es keine Hürden zu überbrücken gibt oder diese als bewältigbar eingestuft werden.
4 Siehe Zimmer: Gefühle, unser erster Verstand, S. 111f
5 Siehe Bauer: Prinzip Menschlichkeit, S. 56

In diesem Buch geht es folglich weniger um den Glauben an etwas, das funktioniert, sondern vielmehr um das Wissen, dass dem wirklich so ist. Dabei sehen wir einmal mehr, welche 'Instrumente' und Methoden es im Focusing gibt und wie richtig und wichtig diese sind. Zusätzlich werde ich noch auf einiges an Modalitäten-Wissen eingehen, um den Wissenshintergrund für Focusing-Beratungen, -Begleitungen und -Therapien zu schärfen. Dabei werde ich nicht in die volle Tiefe neurowissenschaftlichen Wissens einsteigen, um den Rahmen eines bewusst klein gehaltenen Buches nicht zu sprengen. Für weitere Vertiefungen empfehle ich die einschlägige Literatur u.a. von Bauer, Lelord / André, Damasio, Ledoux, Ekman, Roth oder Hüther (siehe Literaturverzeichnis).

Ein überzeugter 'Focusing-ianer' braucht das Wissen um die Schnittmenge zwischen Neurowissenschaften und Focusing natürlich nicht, um erfolgreich zu arbeiten. Doch zur Vermittlung nach 'draußen' erscheint mir dieses Wissen unermesslich.

Konkret geht es in diesem Buch um ...

- die Bedeutung impliziten Verstehens
- somatische Marker als Modalität
- die Philosophie des Focusing und die Grundlagen der Neurobiologie, konkret der Homöodynamik
- Focusing und Intuition
- die Entstehung von Emotionen im Gehirn
- Emotionen und Sinneswahrnehmungen als Modalität
- Freiraum, Stress und Neurologie und
- Spiegelneuronen, Resonanzphänomene und Response

# 1  Inside the mysterious Wollknäuel

Stellen Sie sich vor, Sie hätten einen Knäuel Wolle vor sich. Sie sehen die Oberfläche, die Farbe der Wolle, Sie können fühlen, ob sie kratzt oder weich ist und Sie sehen oder fühlen, wie dick die Wolle ist und ob sie 'haart' oder nicht. Doch wissen Sie, ob sich die Farbe innen drin verändert? Wissen Sie ob die Dicke gleichbleibt? Wissen Sie, ob das Knäuel aus 'einer Wolle' oder ob es aus mehreren Resten besteht? Sie vermuten das eine oder andere oder gehen sicher davon aus, dass es so ist. Doch genau wissen können Sie es nicht. Und auch die Länge können Sie nur schätzen. Wird es für einen Pullover oder für Socken reichen?

Also beginnen Sie mit dem ersten Stück, das Sie zu fassen bekommen, die Wolle aufzuwickeln. Oder Sie beginnen einfach, drauf los zu stricken. Genau in diesem Bild zeigt sich der Unterschied zwischen dem, was ganz sicher wissen und dem was wir nur erahnen können – dem was sich im Inneren des Wollknäuels abspielt. Und nach und nach wird klarer was sich 'inside' abspielt. Und die impliziten, noch nicht bewussten Informationen, die an jedem Zentimeter dranhängen, kommen so Schritt für Schritt ans Tageslicht.

Im Focusing wird genau damit gearbeitet – mit dem, was gemeinhin als implizit, unbewusst, unterbewusst oder vorbewusst bezeichnet wird, sich also unter der Oberfläche befindet. Dieses Implizite bestimmt unser Denken und Handeln, unsere Emotionen, Gefühle[6] und unsere Motivation zu grob zwei Dritteln.

Schauen wir uns einmal an, was das ist, dieses 'Implizite', wo es herkommt und wie es entsteht.

In Anlehnung an Neuweg unterscheide ich zuerst die Begriffe implizites Wissen und implizites Gedächtnis:

Implizites Wissen ist als unbewusste oder vorbewusste Verhaltenssteuerung eine Form der Intuition. Über dieses Handlungswissen oder tacit knowing[7] müssen wir nicht mehr großartig nachdenken. Es zeigt uns, in welche Richtung wir gehen sollen. Die Fragen, die sich hier stellen, lauten: Habe ich einen guten Zugang zu meinem impliziten Handlungswissen? Woher kommen die intuitiven Eingebungen? Und kann ich sie explizit machen?

Eine Besonderheit ist das implizite Regelwissen. Es zeigt uns Wenn-Dann-Verknüpfungen auf. Es nimmt vorweg, was passieren wird, wenn wir eine bestimmte Handlung ausführen werden. Die bedingte Linearität des impliziten Wissens besagt, dass es zwar Schritt für Schritt eine klare Abfolge von Handlungen gibt. Doch diese sind schlechter vorhersagbar, als wenn wir uns auf explizit-lineare Handlungen beziehen. Sie sind, wie wir noch sehen werden, nur im Nachhinein logisch. Es stellt sich allerdings die Frage, ob unsere bewussten Entscheidungen wirklich immer so logisch sind oder ob wir unseren Einfluss oder unsere Kontrollmöglichkeiten nicht oft überschätzen – ein 'beliebter' Wahrnehmungsfehler. Letztendlich spielt dies pragmatisch gesehen eine untergeordnete Rolle. Wichtig an dieser Stelle ist, klar zu betonen: Wir können – auch durch Bewusstmachung unserer impliziten Inhalte – nicht wirklich planen. Wir können keinen Wochen-, Monats- oder Jahresplan aufstellen. Wir können keine Details vorausberechnen.

---

6  Die meisten Forscher unterscheiden zwischen Emotionen und Gefühlen. Emotionen gelten als körperlich und meist unbewusst, während Gefühle den bewusst-empfundenen Teil ausmachen (siehe u.a. Stefan Klein: Einfach glücklich, S. 18). Erst diese Bewusstmachung kann dazu führen, dass wir auch entsprechend auf die Emotionen reagieren und gegensteuern. Ich spreche im folgenden meist von Emotionen, da ich genau dies im Sinn habe: Die Bewusstmachung der Emotionen, um damit zu arbeiten.

7  Der Begriff geht auf Michael Polanyi zurück, einem ungarisch-britischen Chemiker und Philosophen.

Aber wir können im Sinne unseres Wenn-Dann-Wissens mit Hilfe von Focusing oder mentalen Simulationen visualisieren, wie wir uns fühlen werden, wenn wir einen bestimmten Weg einschlagen. Auch hier können wir nur unser Gefühl zum nächsten Schritt ergründen. Und dann wieder zum nächsten. innerhalb dieser Nach-und-nach-Schritte ist alles logisch. Mehr noch: es ist stimmig, denn wir gehen nur einzelne Schritte, die auch genau zu unserem Gefühl passen. Sie passen zu dem, was wir in unserem impliziten Gedächtnis abgespeichert haben. Sie passen zu unseren bisherigen Erfahrungen und lassen sich nicht nur durch eigene Erfahrungen, sondern auch durch Modelllernen aneignen. Diese Aneignung von Wissen durch Erfahrungen nennt Polanyi eine Subjektivierung der Umwelt. Der Schraubenzieher als Objekt der Umwelt wird so zu einer Verlängerung unserer Hand. Wir spüren durch ihn hindurch, wann die Schraube fest ist.

Spüren Sie doch einmal mit Ihren Füßen im Auto während der Fahrt über die Karosserie bis zum Boden durch. Erspüren Sie die Straße mit Ihren Füßen wie Sie das Blatt Papier über den Kugelschreiber spüren. Eine äußerst spannende Erfahrung, bisweilen – im Auto – auch eine unheimliche Sinnes-Erfahrung!

Als einen Teil des impliziten Wissens unterscheide ich weiterhin implizites Fachwissen von den impliziten Einstellungen zu diesem Fachwissen. Ich beziehe mich hierbei nicht auf Fachwissen an sich. Sicherlich können wir durch Nachdenken auch verschüttetes Fachwissen bergen, nachdem wir handeln, aber nicht mehr genau wissen, warum. Dennoch ist dieses Fachwissen zu spezifisch. Ich beziehe mich vielmehr auf die Anhängsel an Fachwissen. Auf Einstellungen, Prägungen und Gefühle, wenn wir an einen Weg A oder B zu einem Problem C denken.

In einem Flussdiagramm sieht der Ablauf in der einfachsten Form so aus:

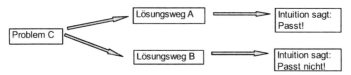

Aristoteles unterschied im Zusammenspiel von Erfahrungswissen und Faktenwissen vier Elemente:

- Das Endresultat,
- den Prozess, z.B. Verfahren und der Gebrauch von Werkzeugen,
- die Form, in die ein Objekt gebracht werden soll
- und das Material an sich.

Insbesondere an den beiden ersten Elementen hängen positive oder negative Gefühle unseres Erfahrungswissens dran, die uns anzeigen, ob etwas funktioniert oder nicht. Mit Abstrichen gilt dies je nach Erfahrungsschatz ebenso für die letzten beiden Punkte.

Diese impliziten Stellschrauben führen nach und nach zu meist unbewussten Einstellungen. Diese Richtungsweiser geleiten uns so oft automatisch durch einzelne Situationen und unser gesamtes Leben. Ein wesentliches Ziel im Focusing ist es, diese impliziten Verbindungen und Wege aufzuzeigen und zu untersuchen welche Wege, die wir schon kennen Sinn machen und welche Wege unsinnig sind, sprich maladaptiv gelernt wurden. Meist machten sie in einem anderen Kontext Sinn, denn sonst wären sie nicht vorhanden. Doch heute, in einer anderen Lebenssituation können sie dafür umso hinderlicher sein, im Sinne eines Weiterentwicklungs-hemmnisses.

Als nächstes gibt es das implizite Gedächtnis. Die Inhalte unseres impliziten Gedächtnisses sind erlernt und erfahren. Der Zugang zu diesem Gedächtnis ist schwieriger als bei unserem expliziten Gedächtnis. Oftmals benötigen wir einen Auslöser von außen, um eine dort gespeicherte Information abzurufen. Wir können explizit oft nicht sagen, welches Lied als nächstes auf unserer Lieblings-Mix-CD kommt. Wenn aber das Vorgängerlied in den letzten Takten schwingt, bekommt unser Gedächtnis den entscheidenden Hinweis. Lernen hat in diesem Zusammenhang ausschließlich mit den eigenen Erfahrungen zu tun. Nur durch die Erfahrung werden die emotionalen Verknüpfungen hergestellt, die nötig sind, um sich in der nächste Entscheidung angemessen darauf zu berufen. Dabei kann Erfahrung auch im Rahmen des Modell-Lernens stattfinden oder über mentale Simulationen, wie sie im Focusing stattfinden:"Ich befinde mich in einem leeren Haus und weiß noch nicht, ob ich die Tür geschlossen haben möchte oder nicht. Jetzt schließe ich die Tür und schaue, wie sich das anfühlt ..." Ich simuliere hierbei den Zustand und das Empfinden, das ich habe, wenn die Tür geschlossen ist. Dabei kann dieses Schließen eine Vielzahl an Bedeutungen haben, z.B. der Drang, alleine zu sein oder die Angst, alleine zu sein oder die Suche nach Sicherheit usw.

Der Neuropsychologe Antonio R. Damasio spricht in seinem Buch "Ich fühle also bin ich" vom autobiographischen Gedächtnis. Das implizite Gedächtnis repräsentiert den Teil des autobiographischen Gedächtnisses, dessen Fakten nicht mehr komplett bewusst sind. Doch gesetzt den Fall, dass Informationen jeglicher Art korrekt abgespeichert wurden, kann es passieren, dass mir z.B. eine Metapher zu einem Thema einfällt.

Aufgrund dieser Metapher erscheint nun ein Bild, dass sich erst einmal unpassend anfühlt und nach und nach aber doch passend wird. Danach folgt ein Gefühl oder eine Körperempfindung usw. All dies hängt in unserem Körper neuronal zusammen und muss quasi erst in seiner Gesamtheit geborgen werden, um einen Sinn zu ergeben.

Und schließlich bezeichnet Gerhard Roth implizite Prozesse als Automatismen, die ohne Zutun unseres Bewusstseins ausgeführt werden. Viele dieser Automatismen sind motorische Abläufe wie Fahrradfahren oder sportliche Tätigkeiten. Gerd Gigerenzer bietet dazu einige sehr anschauliche Beispiele, die verdeutlichen, dass

- viele Abläufe, insbesondere im sportlich-motorischen Bereich zu Beginn des Lernens einer hohen Konzentration bedürfen.
- später jedoch automatisch besser ablaufen. Dies auch oder insbesondere dann, wenn Profi-Spieler mit geistigen Aufgaben abgelenkt werden. Sie werden dann motorisch eher noch besser.[8]

Diese impliziten Prozesse laufen schneller ab und sind weniger fehleranfällig. Durch den automatischen Ablauf sind sie energie-sparsamer, weshalb das Gehirn grundsätzlich gerne Aufgaben nach 'unten' schiebt. Alles wäre also großartig: Üben, üben, üben und Erfahrungen sammeln. Solange bis wir unsere Tätigkeiten blind erfüllen können. Was ja auch häufig passiert. Doch leider haben implizite Prozesse zwei Nachteile:

- Sie lassen sich schwer wieder löschen bzw. verändern. Dies wird wichtig, wenn wir immer wieder in ähnlichen Situationen die gleichen, wenig sinnvollen Entscheidungen treffen. Es kann sein, dass wir aufgrund von wenigen, jedoch sehr

---

8  Dieses System kann allerdings gestört werden, wie einige Beispiele aus dem Buch von Ulrich Kaiser: Tausend miese Tennistricks, belegen. Loben Sie doch einmal die fabelhafte Rückhand Ihres Gegners in der Pause. Vorher lief sie reibungsfrei automatisch ab. Nach dem Lob wird er wahrscheinlich bewusster darauf achten und ... Fehler machen.

mächtigen maladaptiven Erfahrungen in einer Schleife gefangen sind, aus der wir nur wieder herauskommen, wenn wir uns jene Prozesse bewusst machen und aktiv neue positivere Erfahrungen anbahnen, um nicht in den alten Wegen zu verharren. Außerdem pfeifen es schließlich die Spatzen von den Dächern, dass in unserer heutigen Zeit nichts für die Ewigkeit bestimmt ist – vor allem nicht unser Wissen und unsere Handlungsfertigkeiten.

- Zweitens sind implizite Prozesse nicht vermittelbar, z.B. durch Sprache. Gerade, wenn Sie sich in einer sogenannten Sandwich-Position[9] in Ihrem Unternehmen befinden, ist es unabdingbar, Ihre Entscheidungen anderen, insbesondere Ihren Vorgesetzten zu vermitteln, evtl. auch zu rechtfertigen, und nach Ihren Untergebenen Prozess-Abläufe zu erklären.

Vor diesem Hintergrund werden zwei Aufgaben innerhalb eines Focusing-Prozesses noch einmal sehr deutlich:

1. Wenig Sinn machende implizite Abläufe zu analysieren und durch diese Bewusstmachung zu ordnen und damit zu arbeiten – im Sinne einer Aktualisierung und Weiterentwicklung.
2. Unbewusste Entscheidungen zu analysieren und dadurch vermittelbar zu machen.

Der Unterschied von implizitem Wissen und impliziten Einstellungen im Überblick:

| Implizites Wissen | Implizite Einstellungen |
|---|---|
| ... wird benötigt, um eine komplexe, unüberschaubare Situation zu durchleuchten und entsprechende Schlüsse zu ziehen. | ... werden benötigt, um das emotionale Wissen aus erlebten Situationen mit den eigenen Motiven in Verbindung zu setzen. |
| ... funktioniert meist reaktiv, um zu wissen, wie in kritischen Situationen zu handeln ist. Die Teilnehmerin einer meiner Vorträge steht mitten drin auf und verlässt den Raum. Im Nachhinein erfahre ich, dass sie über ein Ekel-Bild innerhalb meiner Präsentation pikiert war, dies jedoch nicht äußerte. Wenn ich mir Ihre Mimik vor Augen führe und meine inneren Emotionen dazu (u.a. Unsicherheit, warum sie geht), ist eine rückwärtige Deutung nur logisch. Dieses Wissen werde ich für einen nächsten ähnlichen Fall benutzen, um schneller zu reagieren. | ... helfen aktiv bei Wünschen, Interessen, Zielen oder der Auseinandersetzung mit einem Konflikt Ein Beispiel: Sie richten Ihr Arbeitszimmer oder Ihre Wohnung neu ein. Was ist Ihnen wichtig? Was ist weniger wichtig? |
| Wichtig für Entscheidungen: 1. Wissen um die Funktionsweise von Emotionen und Gefühlen. Beispiel: Seitdem ich einen Unfall hatte, weil ich noch kurz vor einem entgegenkommenden Fahrzeug abbiegen wollte, habe ich in ähnlichen Situationen Angst. 2. Wissen um Daumenregeln, Fachwissen und Situationswissen: Was ist typisch? Beispiel: Ein Software-Programmierer erkennt innerhalb von | Das implizite Wissen fungiert als Informationslieferant für die Einstellungen. Es hilft diesen, sich immer wieder neu zu positionieren. Dabei spielen auch unsere Sinne und unsere Wahrnehmung eine Rolle. Am Beispiel Arbeitszimmereinrichtung: Mit Hilfe unseres impliziten Wissens können wir diese Einstellungen immer wieder abgleichen, z.B. so: Wie reagiert Ihre Frau mimisch, wenn Sie zum |

---

9  Sie haben einige 'Untergebene', aber auch einige Entscheidungen zu treffen, die Sie v.a. nach oben rechtfertigen müssen.

drei Minuten den Fehler eines Programms, weil dies ein typischer Fehler der verwendeten Computersprache ist. Was ist anders? Derselbe Programmierer spürt bei einem anderen Fehler, dass er auf diese Art Fehler noch nie zuvor getroffen ist und bittet einen Kollegen um Hilfe.

3. Menschenkenntnis, allgemein oder eines bestimmten Menschen: Was ist typisch? Beispiel: Ein Polizist vergleicht einen vermeintlichen Junkie mit all den Junkies, die er bisher kennen lernte. Was ist anders? Beispiel: Derselbe Polizist wundert sich über das seltsame Verhalten seines Kollegen. Dieser hat eine Stunde zuvor einen Fehler begangen, der er vertuschen möchte.

ersten Mal das neue Arbeitszimmer betritt? Sie sagt nichts, weil sie Sie nicht kränken will. Aber Sie sehen an Ihrem Gesicht an, dass ...

Wie fühlt sich Ihr Arbeitszimmer für Sie selbst an, z.B. die Aufteilung und Dichte der Möbel? Eng, zu dicht aufeinander, unausgefüllt? Wie fühlt sich Ihr Platz an? Bedrohlich (Rücken zur Wand) oder frei (Ausblick)?

Was bedeutet dies für Ihre Einstellungen, z.B. Ruhebedürfnis, Eigensinn und Ungestörtheit (Tür zu!), Ordnungssinn oder Faulheit (alles in Armlänge)?

Als Grafik mit Beispielen:

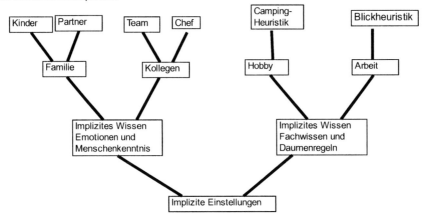

Das Wissen wird nach unten weitergegeben. Dort wird es gesammelt und bestimmt unsere künftigen Entscheidungen mit. Es gibt aber auch Entscheidungen, die vermeintlich unabhängig sind von persönlichen Motiven. Nehmen wir einen Feuerwehrmann, der einen Brand löschen muss. Sicher: auch er hat ein Motiv. Nur ist dieses Motiv weniger selbstmotiviert. Es lässt sich nicht vergleichen mit dem Wunsch oder Plan, ein (eigenes) Auto zu kaufen. Hier handelt es sich um das Erkennen eines Musters als Durchlaufstation. Der Feuerwehrhauptmann will nichts für sich erreichen – außer einem Aufstieg in der Karriereleiter, seinem Überleben, dem Überleben der Truppe und einem guten Gewissen. Das externe Ziel jedoch bestimmt sein Denken und Handeln – insbesondere in einer risikoreichen Situation – beinahe absolut. Ein anderer an seiner Stelle tut das gleiche – sofern er über die gleichen Erfahrungen verfügt. Dies hat nichts mit der Individualität zu tun, die wir ansonsten in unseren Einstellungen speichern.

Ein anderer Aspekt des impliziten Wissens betrifft die Auswirkungen auf eine Entscheidung. Wissen hat in aller Regel eine lenkende Wirkung. Nur manchmal auch nicht. Um zu verdeutlichen, wo dieses Wissen wenig Auswirkungen auf unser Handeln hat, folgendes Beispiel der Kategorie "Menschenkenntnis: Etwas ist anders":

Neulich kam meine Frau nach Hause. Die Tür ging wie immer zu. Nur dann wurde es anders. Die Schritte wurden schneller und gingen in eine andere Richtung als sonst. Als ob sie schnell etwas verstecken oder beiseite legen wollte, ohne den Mantel abzulegen oder die Schuhe auszuziehen. Bereits hier setzt das implizite Wissen oder die Intuition ein: Was ist anders? Und in der Bewusstmachung: Warum ist es anders? Dies funktioniert nur, wenn Sie jemanden oder eine Situation sehr gut kennen, wie der Polizist seinen Kollegen und ich meine Frau. Doch was konnte es gewesen sein? Ein Geschenk für mich, schnell versteckt, bevor ich zur Tür herauskomme? Ein Geschenk für die Kinder? Etwas Negativ-Heimliches? Ein eingefrorener Fisch, der Kühlung braucht? Hier fängt natürlich die Spekulation an. Doch bis zum vorherigen Punkt sollte klar sein: Ich bemerke nur, dass etwas anders ist, wenn ich die Abläufe schon tausendmal normal bzw. anders erfuhr[10].

Dies spiegelt ebenso gut wieder, was ein Belgeiter oder eine Begleiterin im Focusing u.a. zur Aufgabe hat. Er oder sie sucht ...

- das Implizite hinter dem Expliziten und
- das Andere, das aus dem Gros an Erzähltem und Dargebrachtem heraussticht. Dabei ist dieses Andere dem Erzähler oftmals gar nicht bewusst. Dieses Andere kann in einer verkrapften Hand liegen oder in einem Augenleuchten, in einer langsameren Sprache oder in einem grellen Aufschrei. Die Äußerungen dieses dann expliziten Anderen sind mannigfaltig – ebenso mannigfaltig wie das, was noch an Implizitem dahinterliegt.

## Zusammenhang zwischen impliziter und expliziter Verarbeitung

Intuition gilt meist als unabdingbar, wenn schnelle Entscheidungen auf der Basis weniger Informationen getroffen werden müssen. Andererseits wird bestritten, dass so etwas wie die Vermittlung von Intuition tatsächlich möglich ist. Dies ist ja auch nicht der Fall: Die Vermittlung selber ist nicht oder nur bedingt möglich, auch wenn wir durch emotionale Intelligenz, speziell Empathie bzw. die Ansammlung eines großen Erfahrungsschatzes einiges für unsere Intuition tun können. Doch die Bewusstmachung der Intuition im Sinne eines Zuganges zu den eigenen Beweggründen hinter Entscheidungen ist sehr wohl möglich. Und diese Bewusstmachung bedeutet, den Zusammenhang zwischen implizitem und explizitem Wissen herzustellen.

Ich unterscheide zwischen ...

- explizitem Wissen, dem Wissen, das wir benötigen, um damit bewusst zu arbeiten und es an andere weiterzugeben bzw. anderen zu erklären,
- implizitem Wissen, dem Wissen, das wir im wahrsten Sinne des Wortes unbewusst mit uns herum tragen,
- implizitem Erleben als Schnittstelle zwischen beidem. Hier ist der Platz für Methoden wie Focusing zur Bewusstmachung und
- impliziten Einstellungen als Basis unseres Verhaltens und unserer Entscheidungen.

---

10 Die Auflösung ist leider nicht ganz so spannend: Es handelte sich um ein Geburtstagsgeschenk für unsere jüngere Tochter, das meine Frau in der Abstellkammer versteckte.

Explizite/s Wissen und Äußerungen: Sprache, Symbole, konkrete Ziele, Voreinstellungen, Denken, bewusste Sinneswahrnehmungen, Fachwissen, Faustregeln, Heuristiken

Implizit-explizites Erleben: Bewusstmachung von Sinneswahrnehmungen, Emotionen und Körperwahrnehmungen, Verbindungen zwischen implizitem Wissen und somatischen bzw. emotionalen Markern

Implizites Wissen: unbewusstes Fach-, Regel- und Ablaufwissen, unbewusste Faustregeln, Empathie-Fähigkeit und Automatismen

Implizite Einstellungen: unbewusste Wahrnehmung, Motive, Bedürfnisse und Werte

## *Intuitive Eingebungen und implizite Einstellungen: Was, Wie und Warum?*

Implizite Wahrnehmungen werden uns zu dem Teil bewusst, also explizit, der uns sagt, was wir tun oder lassen sollen: Weg B ist besser als C. Doch er sagt uns nicht, warum wir dies tun sollen. Ziel muss es also auch sein, sich das Warum bewusst zu machen. Woran liegt es, dass wir eine Entscheidung so oder so besser finden? An unbewussten Motiven, inneren dominanten Anteilen oder auf einer höheren Ebene emotional-körperlichen Signalen, den sogenannten somatischen Markern? Nach diesem Warum zu forschen macht Sinn, weil es das implizite Erleben formulierbar macht, in Symbole und Worte kleidet und somit zumindest zu einem Teil – dem emotionalen, nicht dem fachlichen! – vermittelbar und verstehbar wird. Für uns selbst, v.a. aber für unser Umfeld. Denn: Wir können uns meist ganz gut auf unsere Intuition verlassen, wenn vermeintlich sachliche Argumente nicht dazwischenfunken – nur erklären, warum wir in dieser Situation so oder so agiert haben, das können wir oftmals nicht.

'Meist' sagte ich gerade. Und meist meinte ich auch. Denn unsere Intuition kann uns natürlich auch täuschen. Dafür gibt es zwei Kategorien von Gründen:

1. Gründe, die in der Vergangenheit liegen: Denn es kann sein, dass wir Situationen falsch abgespeichert haben und so für zukünftige Entscheidungen die falschen Schlüsse ziehen.

2. Gründe, die in der Gegenwart liegen: Denn es kann sein, dass uns unsere Wahrnehmung trügt. Der Psychologie-Professor David Gilbert spricht hierbei vom Hinzufügetrick unseres Gehirns, einem Trick, der ansich sehr sinnvoll ist, da er fehlende Informationen unserer Wahrnehmung durch eigene Ideen von der Situation ergänzt, ohne dass wir es merken.[11] Doch dieser Trick kann dazu führen,

---

11 Siehe Gilbert: Ins Glück stolpern, S. 134ff.

dass wir die Welt so sehen, wie wir sie sehen wollen und nicht wie sie ist. Wichtig ist hier also der stetige Abgleich unserer impliziten Wahrnehmung, d.h. unserer inneren, unbewussten Vorstellung von der Welt und unserer äußeren Wahrnehmung.

Das 'Wie' des intuitiven Wissens sollten wir dabei vernachlässigen. Nach einem Wie zu handeln ist weniger fehleranfällig. Unser bewusster Geist soll sich ja nicht mit allem beschäftigen. Und genau dies kann er ja auch, wenn ihm das Warum, d.h. die Motive des Handelns bewusst sind.

Im obersten Kasten der vorhergehenden Grafik sehen Sie das explizite Wissen. Hierin befindet sich alles, was Ihnen bei einer Entscheidung bewusst ist. Neben unseren Zielen und bewussten Werten oder Bedürfnissen sind dies v.a. alle klaren Informationen, die Sie über eine Situation haben.

Weiter unten sehen wir die Inhalte des impliziten Wissens: Fach-, Regel- und Ablaufwissen, das Ihnen aktuell nicht bewusst ist, nach dem Sie aber dennoch handeln.

Dazwischen sehen Sie den Kasten mit implizit-explizitem Erleben. An dieser Schnittstelle werden uns unsere impliziten Einstellungen und unser implizites Wissen bewusst.

Es fehlt noch der Kasten der impliziten Einstellungen: Hier befindet sich unsere vorbewusste Wahrnehmung, Werte, Bedürfnisse und Motive.

Die hier gespeicherten Informationen sind bereits über die Jahre verarbeitet worden und wurden so quasi zu persönlichen Prinzipien, z.B.:

- Sie werden nervös, wenn Sie vor einer Gruppe sprechen müssen.
- Sie müssen weinen, wenn es eine Versöhnungsszene in einer Schnulze gibt.
- Sie werden wütend, wenn Sie jemand mit seinem Auto knapp überholt.
- Ihnen macht Lärm grundsätzlich nichts aus – oder doch, nach einem langen überreizten Arbeitstag?
- Sie werden unkonzentriert, wenn zu viele Reize auf einmal auf Sie einströmen. Oder spornen Sie hektische Situationen so richtig an?

Diese Prinzipien schlagen sich in sogenannten Wahrnehmungsfiltern und Lebensmotiven nieder. Eine Nähe zu Persönlichkeitseigenschaften möchte ich nicht leugnen. Einer meiner typischen eigenen Wahrnehmungsfilter: Da ich mich als Beschützer meines Kindes sehe, betrachte ich jeden schnellen Radfahrer – erkennbar an Helm und windabweisender Montur – als potentiell gefährlich für Leib und Leben meines kleinradfahrenden Kleinkindes. Jeder Radfahrer auf der Linksspur, der nicht warten kann ein Kinderfeind! Meine Reaktionen inklusive. Nur handgreiflich wurde ich noch nicht.

Einige mögliche Lebensmotive: Ehrlichkeit ist für Sie ein wichtiger Wert. Wenn Sie belogen werden, auch bei einer kleinen, vielleicht sogar verständlichen Lüge (vielleicht wollte Ihr Partner Ihnen eine bittere Wahrheit ersparen), gehen Sie in die Luft wie ein Feuerwerkskörper. Könnte es sein, dass Sie in Ihrer Vergangenheit oft das Gefühl hatten, ausgeschlossen zu sein?

Sie sind gerne alleine und wählen bei (fast) jeder Möglichkeit, die sich bietet, den Weg aus, etwas für sich alleine zu tun, anstatt mit einer größeren Gruppe. In diesem Falle betrachten Sie Pauschalreisen wahrscheinlich als nicht wirklich erfüllend. Der Erfahrungs-Grund könnte in zu engen früheren Bindungen liegen.

# 2 Intuition, was ist das?

## *Persönliche und systemische Intuition*

Ich unterscheide zwei Arten der Intuition, die aufeinander aufbauen und die ich nun anhand des Vorganges, eine Entscheidung zu treffen darstelle: Die eine Intuition behandelt sehr persönliche Eingebungen. Ich nenne sie schlicht persönliche Intuition (PI). Eine Intuition, die alles, was wir jemals erlebten in unserem Erfahrungsgedächtnis abspeichert und zu allem Wesentlichen eine emotionale Einstellung oder einen Marker parat hat, um schnell und effizient handeln zu können, wenn wir in uns hinein horchen. Dieser Marker sagt uns, ob der Weg A zu einem Problem C besser funktioniert bzw. bisher besser funktionierte als der Weg B. Darin ist eine Wenn-Dann-Verknüpfung enthalten: Wenn Sie A nehmen, werden Sie erfolgreicher sein. Dieser Marker zeigt uns, welche Motive in welchen Lebensrollen mit einem Thema bei uns wie emotional verknüpft sind und somit auch, worauf wir in einer Entscheidung besonders achten sollten. Solche Wenn-Dann-Verknüpfungen sind sehr sinnvoll, weil sie eine Situation durch persönliche Faustregeln auf das Wesentliche reduzieren.

Dennoch gibt es manche komplexe Situation, die so neu ist, dass die bisherige Wenn-Dann-Verknüpfung nicht mehr oder nur scheinbar funktioniert. Dies führt uns zu dem, was ich die systemische Intuition (SI) nenne.

Eine Intuition, die nicht wirklich alleine funktioniert – sie benötigt die persönliche Intuition – wenn Sie so wollen die emotionalen Erfahrungen, unsere Menschenkenntnis – als Grundlage. Sie braucht den oder die EntscheiderIn, den Zugang zu den persönlichen impliziten Einstellungen und Erfahrungen, den Zugang zu den persönlichen Entscheidungsmotiven. Dennoch ist in komplexen und v.a. für andere risikoreichen Situationen mehr notwendig als 'nur' die persönliche Intuition: eine Art Rückversicherung durch die Erweiterung der Sichtweise. Die systemische Intuition widmet sich dem geschickten Erkennen von Mustern, systemischen Zusammenhängen und Settings. Vieles von dem, was die systemische Intuition kann oder können muss ist bereits in der persönlichen Intuition angelegt: Körperwahrnehmungen, erst nach innen, dann nach außen gerichtet, das Lesen von Mimiken oder allgemeine Menschenkenntnis bezeichnen einige wichtige Punkte. Wenn die PI sich mehr dem Innenleben, d.h. der internen Verarbeitung von Emotionen, Stress als mögliche Folge von Angst und Konflikten als mögliche Folge von Wut widmet, so widmet sich die systemische Intuition u.a. der Frage: Welchen systemischen Zweck erfüllen Emotionen, sozialer Stress und Konflikte, wenn Sie an Team-oder Produkt-Entscheidungen denken?

Oftmals müssen wir uns in die Rollen anderer hinein versetzen, um eine Entscheidung zu treffen, so wie sich Therapeuten-Menschen in Klienten-Menschen hineinversetzen, um an deren Stelle zu empfinden, ob Weg A besser ist als Weg B. Wir müssen für unseren Vorgesetzten oder unser Unternehmen Entscheidungen treffen, hinter denen wir zumindest mit dem Herzen nicht immer ganz stehen.

Wir müssen entscheiden, welche Eigenschaften ein Produkt zum Knüller des Jahres machen oder wann ein Projekt am erfolgreichsten sein wird. Kurz: Wir müssen eine Entscheidung treffen, die nicht nur von unserer eigenen Erfahrung abhängt, sondern auch von vielerlei fremden Interessen.

Die systemische Intuition hat somit auch zu einem vermeintlich unpersönlichen Thema eine Meinung – sofern wir das Thema gut genug kennen oder uns gut genug einfühlen können. Dadurch können wir auch zu einem unpersönlichen Thema eine sichere

Entscheidung treffen. Eine Entscheidung, die das System erhält, z.b. einen Kunden glücklich macht – oder eine Entscheidung, die das System erweitert, z.b. unseren Wohlstand oder unser Ansehen in einer Firma oder Einrichtung vergrößert – oder eine Entscheidung, die das System eines Anderen stützt, wieder herstellt oder sinnvoll erweitert. Auf eine pragmatische Art und Weise spielt hier unsere Fähigkeit zu Empathie zu Menschen und Produkten (!) eine wichtige Rolle, wie ein Beispiel im Getty-Museum in Los Angeles unterstreicht. Nach langem Hin und Her, nach langen Untersuchungen und Analysen einer vermeintlich uralten griechischen Statue, die das Museum erwerben wollte, steht eines Tages ein Fachmann vor der Statue und empfindet ein Gefühl der Frische. Da diese Frische kaum mit einem alten Relikt vereinbar erscheint, wird die Statue noch einmal auf 'Hals und Nieren' untersucht mit dem Ergebnis: es handelte sich um eine Fälschung![12].

| Persönliche Intuition | Systemische Intuition |
| --- | --- |
| Speichert emotionale Momente zu persönlich bedeutenden Situationen ab, um sie später als Entscheidungshilfe zu benutzen. Dies funktioniert in Form von persönlich relevanten somatischen oder emotionalen Markern in Wenn-Dann-Verknüpfungen. | Speichert emotionale Anhängsel zu weniger persönlichen Themen als Entscheidungshilfe ab. Beispiel: eine Entscheidung über die Ausweitung einer Produktpalette am Arbeitsplatz. |
| Arbeitet mit eigenen Motiven, Bedürfnissen und Werten. | Arbeitet mit fremden Motiven, Rollentausch und systemischen Zusammenhängen. |
| Kennt implizite und explizit gemachte Faustregeln. | Passt Faustregeln an die jeweilige Situation an. |
| Bewusst gemacht werden somatische und emotionale Marker und Körper-Verhalten (insbesondere Mimiken) zur inneren Verarbeitung, abgespeichert in der Amygdala und dem Gyrus cinguli. | Arbeitet über Spiegelneuronen. Arbeitet über die Bewusstmachung der Wirkung von Mustern (Körper-Verhalten, insbesondere Mimiken, systemische Settings, Prinzipien der Menschenkenntnis) abgespeichert im Hippocampus. Bezieht systemisch-strategisches Wissen mit ein. Entscheidungen werden dadurch länger. |
| Funktioniert in vielen Alltagssituationen und alleine. | Funktioniert in komplexen Situationen und im Team oder in Beratungen und Therapien. |
| Die entscheidende Person fungiert immer als Dreh- und Angelpunkt. Die Folgen einer Entscheidung sind direkt spürbar. | Die entscheidende Person entscheidet emotional, jedoch mit gewissem Abstand. Dahinter kann ein Rollentausch stehen: "Wie würde mein Chef entscheiden?" |
| Stress und Konflikte werden im Sinne eines Freiraumes zurückgedrängt, um klare Entscheidungen zu treffen. | Stress und Konflikte können durch die größere Distanz als systemische Komponenten untersucht werden. |

Wir sollten dennoch nicht vergessen, dass eine komplette Trennschärfe unmöglich ist. Denn letztes Endes klingen bei jedem externen Thema in uns auch eigene Emotionen an.

---

12 Siehe Gladwell: Blink.

Konkret entscheiden wir auch aufgrund unserer Erfahrungen darüber, ob ein ähnliches Produkt bereits mindestens einmal gut vermarktet wurde oder nicht bzw. ob ein Klienten-Mensch bzw. dessen Prozesse Ähnlichkeiten mit früheren Klienten-Menschen und deren Prozessen aufweist.

Dieses Einfühlen in ein Thema, ein Produkt oder einen Klienten-Menschen finden wir im Focusing unter der Überschrift 'Response'. Der Therapeuten-Mensch fühlt sich in die Gedanken- und Gefühls-Welt seines Klienten-Menschen soweit ein, dass er im Idealfall für ihn entscheiden könnte. Dass die Grenze hierbei sehr fein sein kann wird auch anhand der Unterscheidungen klar: Wo hört das 'Meine' auf und wo fängt das 'Seine' oder 'Ihre' an?

Dieses Einfühlen in die Welt des Klienten-Menschen unter Bezugnahme auf Resonanzphänomene wird sehr anschaulich in Joachim Bauers Buch "Warum ich fühle, was du fühlst" beschrieben. Er beschreibt die Spiegelneuronen und die Gedanken, Bilder, Gefühle, Körperempfindungen, usw. als genau die ergänzenden Informationen, die einen therapeutischen Prozess erst vollständig machen. Erst durch das Einbringen dieser Inhalte durch den Response des Therapeuten-Menschen werden Klienten-Menschen, insbesondere diejenigen, denen der Zugang zu ihrer inneren Welt fehlt – und dies ist schließlich ein gewichtiges Thema in Therapien – befähigt, eben jenen Zugang wieder zu finden.

## Intuition – eine Definition

"Es ist paradox", klagte Einstein, "dass wir ... angefangen haben, den Diener (Verstand) zu verehren und die göttliche Gabe (Intuition) zu entweihen." Dabei verfügen wir über eine sehr mächtige Entscheidungsgrundlage, wenn wir beide Quellen unserer Erfahrung nutzen. Zur Standortbestimmung die Intuition und zur Zielsetzung den Geist.

Die Untersuchungen von Professor Weston H. Agor zeigen, dass Menschen östlicher Länder, insbesondere im fern-asiatischen Raum intuitiver denken und entscheiden. Die Befreiung des Ichs von weltlichen Themen ist ja auch ein Markenzeichen östlicher Religionen. Dort wird allerdings eher von holistisch, also ganzheitlich gesprochen, z.B. von holistischen Unternehmensstrukturen, die den Menschen als Ganzes begreift.

Intuition bedeutet, Zeichen zu erkennen, die Situationen oder Personen aussenden, um daraus Handlungsmaximen ableiten zu können. Intuition filtert Doppeldeutigkeiten in der Kommunikation. Intuition heraus und lässt uns auch in kulturell unsicherem Gelände das Angemessene tun.

Dabei werden mangelnde Informationen so rekonstruiert, dass es einen Sinn ergibt. Wenn Sie so wollen sind Sie bereits im Geiste einen Schritt in der Zukunft und bauen ihn bereits, bevor Sie ihn gehen, in Ihren Gesamt-Handlungs-Kontext mit ein. Dadurch wird dieser Schritt im Focusing-Sinne logisch in der Rückbetrachtung. Dies ist bisweilen äußerst effektiv, ein kleiner Schritt in Richtung Hellsehen, kann aber auch gefährlich sein, wenn unsere Erfahrungen uns an der Nase herumführen oder die persönliche Umwelt sich zu sehr weiterentwickelt hat.

Es wurde Zeit, doch seit einigen Jahren tut sich etwas rund um das Thema Intuition. Es wurde wieder wissenschaftlich hoffähig und bewegt sich weg von dem Gebiet der Parapsychologie und Esoterik. Dies ist nicht zuletzt auch ein Verdienst des Psychologie-Professors Gerd Gigerenzer und einiger Neurologen, Neurobiologen oder Neuropsychologen wie Antonio R. Damasio.

Gigerenzer definiert Intuition als etwas, ...

- das rasch im Bewusstsein auftaucht, sofern wir offen dafür sind,
- dessen tiefere Gründe Ihnen nicht bewusst sind und
- das stark genug ist, um danach zu handeln.

Diese Definition funktioniert im Zuge unserer persönlichen Intuition zu 100%. Die systemische Intuition jedoch funktioniert ein wenig anders. Stellen Sie sich vor, Sie wären ein Schauspieler und stehen auf der Bühne. Sie spielen Ihre Rolle mit absoluter Hingebung. Sie spielen nicht nur Hamlet: Sie sind Hamlet. Für die Stunden, die Sie auf der Bühne stehen (plus Vorbereitung und Nachbereitung) sind Sie Hamlet bis in die letzte Faser Ihres Körpers. Sie denken wie er, Sie fühlen wie er und ... Sie haben seine Emotionen, seine Intuition und verfolgen seine Motive.

Sie bringen einen Teil Ihrer Person, inklusive Ihren Erfahrungen mit auf die Bühne. Aber als Schauspieler, der in diesem Moment Hamlet ist, greifen Sie auch auf Erfahrungen zurück, die andere Schauspieler mit Hamlet machten oder die Ihr Regisseur Ihnen mit auf den Weg gibt. Und Sie bedenken die Interaktionen mit Ihren Kollegen und Kolleginnen mit ein. Sie schlüpfen in eine Rolle, so wie wir oft in Rollen schlüpfen, um bestimmte Positionen in einem System einzunehmen.

Bei der systemischen Intuition geht es folglich nicht um die Entscheidung, ob ich Bungee-Jumpen soll oder nicht, ob ich mir das zutraue oder nicht. Es geht vielmehr um Teamentscheidungen am Arbeitsplatz oder in der Familie oder wie gehabt um die therapeutische oder beraterische Begleitung einer Person. Die entscheidende Person bleiben natürlich nach wie vor Sie. Nur müssen wir in manchen Situationen ein wenig Abstand nehmen von unserem an sich gesunden Egoismus und erfühlen was das Seine oder Ihre ist.


## *Können Sie bauchen?*[13]

Intuition schöpft aus Erfahrungen. Sie ist dort am stärksten, wo sie vermeintlich unbekannte Situationen auf kreative Weise mit bekannten vergleicht und dann in neue Wege umsetzt. Junge Menschen, die noch wenig Erfahrungen haben, folglich auch wenig implizites Wissen, müssen sich mittels externen Informationen, rationalem Denken, Phantasie und Kreativität in Situationen hineindenken und experimentieren, um für die Zukunft gewappnet zu sein. Doch mit jeder Entscheidung wächst ihr implizites Wissen, das sie nutzen können, wenn sie es sich bewusst machen. Ältere Menschen werden in unbekannten Situationen ähnlich unsicher sein, sollten jedoch auf genügend Erfahrungen zurückgreifen können, um sich auch hier intuitiv zurechtzufinden. Doch da sich die Welt für manche zu schnell dreht, gibt es auch hier Probleme mit der Anpassung.

All dies belegt Manfred Spitzer in seinem Buch "Nervenkitzel" (S. 30ff) anhand einer Studie, die einen Stamm in Paraguay untersucht, der immer noch als Jäger und Sammler lebt. In besagter Studie wird untersucht, inwieweit Stärke und Erfahrung zum Erfolg eines Jägers beitragen. Die größte Stärke erlangen die Jäger im Alter von 24 Jahren – die größte Erfahrung lässt sich so einfach nicht messen. Doch was sich messen lässt ist der Jagderfolg. Und dieser erreicht erst mit 40 Jahren seinen Höhepunkt, auf dem er etwa 10 Jahre lang bleibt und erst ab mit 60 Jahren stark nachlässt. Das Fazit dieser Untersuchung lautet: Um Erfolg im Leben zu haben – insbesondere in so komplexen Aufgaben wie dem Jagen, welches als wesentlich lernintensiver gilt als Früchte oder Kräuter zu sammeln – ist mindestens eine "Ausbildung" bzw. Beschäftigung von 20 Jahren

---

13 Unser Bauchgefühl stammt vom jüdischen Begriff 'bauchen' ab und heißt 'kundig sein'.

mit ein und dem selben Thema notwendig. Denn: Selbst durch ein intensives Schießtraining konnte die Leistung der jüngeren Jäger nicht wirklich zunehmen. Dies kann offensichtlich nur die Erfahrung leisten, die uns sagt, zu welchem Zeitpunkt wir am besten abdrücken sollten.

## *Abgrenzung zu Instinkt und Inspiration*

Instinkte sind angeborene Fertigkeiten, um ein Überleben zu gewährleisten. Bei Gefahr kommt es zur Flucht. Wenn Sie eine Klapperschlange sehen, werden Sie weder lange über die Gefahr nachdenken, noch Ihre Intuition befragen, wie die Situation einzuschätzen ist. Sie werden einfach – eventuell nach einer kurzen Angststarre – zurückweichen. Intuition wächst mit der Erfahrung und wird mit der Zeit immer komplexer.

Hier sind auch Entscheidungen jenseits von Flucht und Angriff möglich. Inspirationen hingegen sind zeitungebunden und können sich auch lange nach der Beschäftigung mit dem Thema auswirken. Sie sind auch nicht so stark, dass Sie unbedingt danach handeln sollten. Inspirationen haben wenig mit unseren Erfahrungen zu tun. Denken Sie an die Muse des Künstlers, an Drogen oder an ein stimmungsvolles Ambiente, um kreativ zu sein.

Gerade unter Stress oder wenn wir starke Ängste empfinden, ist die Gefahr groß, einfach im Sinne von Flucht oder Angriff zu reagieren. Hier macht es Sinn, vor einer Entscheidung für genügend Freiraum zu sorgen.

## *Wann hilft uns unsere Intuition am meisten?*

Unsere Intuition hilft uns am meisten, ...

- wenn wir unter Zeitdruck und Stress geraten, wenig Zeit zur Informationsverarbeitung haben und schnell entscheiden müssen. Auch wenn sich Situationen rasch ändern, ist unsere Intuition klar im Vorteil.
- wenn wir von einem Team abhängig sind, da gerade die zwischenmenschlichen Zusammenhänge sehr komplex und somit abhängig von einem emotional intelligenten Umgang sind.
- wenn Ziele, Anweisungen und Informationen unklar bzw. unzureichend, insbesondere rational schwer zu fassen sind und wir auf unser Bauchgefühl angewiesen sind.
- wenn hohe Risiken vorherrschen bzw. wichtige Entscheidungen anstehen, ist es immer günstig, sich auf mehrere Erfahrungsquellen – rational und intuitiv – zu verlassen. Allgemein gilt: Je höher die Position, desto wichtiger der Bauch! Dies liegt daran, dass wichtige Entscheider einen großen Erfahrungsschatz haben, der – früher rational angedacht – nach und nach in den Bauch gesickert ist und jetzt automatisch in wichtigen Situationen mitdenkt.

## Entscheidungssituationen und Intuition

Analog zu den Eisenhower-Quadranten gibt es auch bei Entscheidungssituationen die beiden Faktoren Dringlichkeit und Wichtigkeit – Wichtigkeit im Sinne der Konsequenzen bzw. des Risikos von Entscheidungen. Im folgenden Vier-Felder-Schema beziehe ich mich auf diese beiden Faktoren, um zuzuordnen, welche Rolle dabei die Intuition spielt: Muss ich die Entscheidung schnell fällen oder habe ich Zeit? Sind die Konsequenzen gravierend oder nicht? Gibt es Risiken v.a. für andere Beteiligte, wie es z.B. bei Ärzten, Piloten, Hebammen, Krankenschwestern, Polizisten oder Feuerwehrleuten der Fall ist?

dauerhafte oder weitreichende Konsequenzen

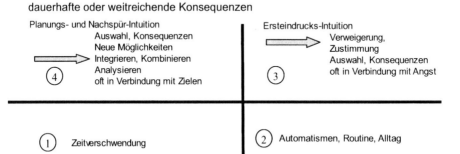

kaum oder keine Konsequenzen

Entsprechend ergeben sich vier Quadranten:

1. Nicht erwähnenswert.
2. Routineentscheidungen wie Marmelade oder Honig auf dem Toastbrot oder Fahrradfahren.
3. Schnelle Entscheidungen, bei denen wir ohne Intuition machtlos wären. Hier ist einiges an Vorarbeit durch Bewusstmachung unserer Motive und Befürchtungen angesagt. Ansonsten besteht dieser Quadrant wie Sie sehen aus relativ einfachen Ja-Nein-Entscheidungen.
4. Entscheidungen, bei denen wir genug Zeit haben, um auf einen guten Mix aus Kreativität, Plänen und Zielen, persönlichem und systemischem Bauchgefühl zurückzugreifen. Dementsprechend sind die Entscheidungen in diesem Quadranten wesentlich komplexer.

Ulrike M. Dambmann[14] betont, dass diese Ersteingebungen von unserer Amygdala, dem Mandelkern, unserem emotionalen Erfahrungsgedächtnis kommen. In brenzligen Situation war und ist es wichtig, schnelle, emotionale Entscheidungen vorbei an allen kognitiven Instanzen zu treffen. Doch in wichtigen Entscheidungen, in denen auch ein Zukunftsdenken gefragt ist, sollten nicht unsere Ersteingebungen alleine befragt werden. Diese sind oft zu sehr mit (lebens- oder statuserhaltenden) Sorgen und Ängsten beschäftigt, ohne sich die Frage nach einer Weiterentwicklung stellen zu können. Erst durch die Einbeziehung des sozialen Kontextes – und somit auch kognitiver Anteile –

---

14 Siehe Dambmann: Erfolgsfaktor Gehirn, S. 152f

können wir ein Gesamtbild der Situation bekommen und so zu einer neuen, zweiten Intuition, der Nachspür- und Planungsintuition kommen.

Deshalb ist die Anweisung im Focusing so wichtig, die ersten Gedanken und Gefühle ersteinmal vorbeiziehen zu lassen.

## *Intuition ist allumfassend*

Unsere Intuition hat mit etwa sechs Jahren ausgespielt. Dann greift das rationale Bildungssystem von Schule bis Universität radikal durch. Dabei sind wir als Eltern doch so fasziniert von den Fähigkeiten unserer Kleinen, die uns dank ihrer intuitiven Fähigkeiten gnadenlos im Intuitiv-Memory schlagen.

Der Trick: Sie verschwenden keine Zeit und Energie darauf, auszurechnen oder sich bewusst zu merken, wo eine Karte liegt, sondern greifen blind nach der richtigen Karte. Was aber heißt das? Ihr Körper hat die Karte abgespeichert und wird noch nicht von der Ratio daran gehindert, dieses Wissen zu nutzen. Als Erwachsener kenne ich ähnliche Situationen: Ich bin im Besitz eines Schlüsselbundes bestehend aus acht Schlüsseln mit acht farbigen Ringen, zu acht[15] Räumen in einem Gebäude, in dem ich diverse Trainings abhalte. Nachdem ich den Schlüssel etwa dreimal rundum benutzte, wusste ich in dem Moment, in dem ich vor der jeweiligen Tür stand, welchen Schlüssel ich nehmen muss. Wenn Sie mich heute nach mehreren Jahren fragen, welcher Schlüssel mit welcher Farbe zu welcher Tür passt, muss ich – außer bei zwei Türen[16] – passen. All diese Hinweise aus unserer Umwelt, die unsere Intuition anregen, lassen sich als Muster zusammenfassen. Es gilt also, Muster in unserer Umwelt zu erkennen.

## *Intuition und das Erkennen von Mustern*

Ein Feuerwehrmann befindet sich in einem brennenden Haus und sondiert die Lage. Sein somatischer Marker sagt:"Raus hier, es ist zu heiß, das Haus stürzt gleich ein!" Die Mustererkennung geht weiter:"Ich erkenne etwas aus einer früheren Situation. Wir haben noch zwei Minuten Zeit, um zu versuchen, den Brand von der Seite A zu löschen. Dann müssen wir definitiv raus, bevor es einstürzt ..."

Muster helfen uns, eine Situation zu beurteilen. Dabei spielen Flexibilität und Kreativität im Denken bei der Variierung und Anpassung der Muster eine große Rolle. Ich unterscheide zwischen nicht-sozialen und sozialen Mustern oder Settings. Ein nicht-soziales Muster muss nicht zwangsläufig komplett ohne Menschen auskommen. Nur ist es so, dass im nicht-sozialen Muster Menschen eine untergeordnete Rolle spielen. In einem brennenden Haus sind Menschen auf dramatische Weise beteiligt. Dennoch spielen Sie für die Frage, wann das Haus einstürzt keine Rolle. In sozialen Settings hingegen spielen Menschen die Hauptrolle. Meist handelt es sich um kleinere Settings, in denen das Erkennen von Mustern in Gesichtern oder Körperhaltungen von Einzelpersonen oder Gruppen die entscheidende Rolle spielt. Diese soziale Komponente macht es schwer, mit Mustern zu arbeiten. Menschen, die in einem Beruf arbeiten, in dem sie viel und dauerhaft mit Menschen zu tun haben, fällt es natürlich leichter, die Stimmungen von Einzelpersonen oder Gruppen zu deuten. Doch viele Berufe, die ebenso mit Menschen zu tun haben wie Polizisten, Feuerwehrmänner oder Chirurgen, haben oft nur kurze soziale Kontakte. Sie werden viele Jahre benötigen, um eine genügend große Anzahl von Situationen in

---

15 Eine etwas andere Definition von Achtsamkeit.
16 Eine Tür ist rot – bei der anderen hat der Schlüssel ein riesiges Flaschenöffner-Format.

Mustern abzuspeichern, um schnell und selbstsicher zu bauchen.

## *Was passiert bei einer Mustererkennung?*

1. Sie befinden sich in einer Situation, die Sie zu kennen glauben. Aufgrund der Hektik oder chaotischer Umstände haben Sie wenig Zeit, genau darüber nachzudenken. Ihnen wird klar, dass Sie bereits mindestens einmal in Ihrem Leben eine ähnliche Situation erlebt haben. Ihnen kommen einzelne Sequenzen, Bruchstücke oder Kernaspekte der Situation bekannt vor. Diese Bruchstücke können auch aus einer anderen vermeintlich ähnlichen Situation stammen, werden jedoch von Ihnen automatisch angepasst.

2. Wenn Sie ein diffuses Gefühl haben und nicht genau wissen, warum Sie so und nicht anders empfinden: Was haben Sie in den letzten 10 Minuten gemacht? An wen oder was haben Sie gedacht? Gehen Sie all Ihre Sinne durch: Hören, Riechen, Schmecken, Spüren, Sehen. Welche somatischen und emotionalen Marker empfinden Sie? Welche Entscheidungsmotive liegen dahinter?

3. Welche Umstände behindern Sie? Stehen Sie unter Stress? Gibt es Konflikte? Welche Gründe haben Stress und Konflikte? Wie lassen sich diese Behinderungen aufheben? Welche Informationen lassen sich daraus ableiten?

4. Wichtig: Versuchen Sie zu erspüren oder mit Ihrem Gedächtnis zu prüfen, ob es sich wirklich um wichtige Kernaspekte handelt bzw. die Situation der anderen Situation so gleicht, dass ein Vergleich angebracht ist. Wenn Ihnen dies kognitiv nicht gelingt: Verlassen Sie sich auf Ihr Gefühl und überprüfen es im Nachhinein!

5. Verlieren Sie bei dringendem Handlungsbedarf keine Zeit. Oder versuchen Sie Zeit zu gewinnen. Verlassen Sie den als unangenehm empfundenen Raum oder verschaffen sich Bedenkzeit. Prüfen Sie, wie sich Ihr Gefühl aufgrund einer Raumveränderung ebenso verändert.

Muster haben die Aufgabe, die Wirklichkeit auf das Wesentliche zu reduzieren. Sie heben bestimmte Merkmale besonders hervor und erreichen so eine höhere Transparenz des Problems. Insofern stehen Muster den bereits bekannten Daumenregeln sehr nahe. Muster schulen neue oder vertiefen vorhandene Sichtweisen durch die Art der Akzent-Setzung und kommen durch diese Einseitigkeit auf Lösungen, die sich in der Praxis bewähren müssen.

Edward de Bono widmet einen zentralen Teil seines Buches "Laterales Denken für Führungskräfte" der Funktion und Wirkweise von Mustern. Hier wird deutlich, dass Muster genau das im Außen repräsentieren, was in unserem Gehirn abläuft, wenn wir einen Hinweis- oder Auslösereiz wahrnehmen. Dieser Reiz löst eine Folge von Reaktionen in unserem Gehirn aus und damit ebenso die Tendenz sich entsprechend so und so zu verhalten. Dazu de Bono: Informationen ergeben einen Zusammenhang, wodurch sich eine (implizite oder explizite) Erwartung ergibt.[17] D.h.: Wir nehmen etwas wahr (z.B. den düsteren Blick unseres Vorgesetzten), woraufhin ein Programm (ein Muster) in uns abläuft, das in etwa sagt:"Vorsicht! Pass' auf, was Du sagst! Der Chef ist schlecht drauf! Wahrscheinlich hast Du wieder etwas falsch gemacht! Bereite Dich schonmal auf eine Entschuldigung vor! Jetzt kommt er auf Dich zu und motzt Dich an!" Gleichzeitig wird in uns Angst aktiviert. Wir bekommen einen trockenen Mund usw. Dass dieses Muster nicht stimmen muss wissen wir alle. Dennoch ist es höchstwahrscheinlich, dass – wenn dieses

---

17 ebd, S. 26

Abfolge bereits einige Male genau so ab lief – in uns auch genau dieses Muster mental ablaufen lässt, was ja auch Sinn macht, um uns darauf vorzubereiten, sprich vorauszudenken (und zu fühlen), was uns erwartet. Hinzu kommt, dass Muster uns die wichtigsten Informationen aus einem Wust an Reizen herausfiltern lassen, sodass es für uns einen Sinn ergibt. So erkennt ein Maler in einem Bild einen Frauenkörper, während ein Musiker in einem Musikstück Versatzstücke eines alten Klassikers entdeckt.

Doch dieser Vorteil – das Gewappnetsein für die Zukunft – beinhaltet auch einen gewichtigen Nachteil: Wenn ein Muster einmal gebahnt wurde, erscheint es beinahe unmöglich, den dort eingeschlagenen Weg nicht zu gehen. Dazu sind lange Ketten, wie oft bei älteren Menschen zu finden, meist realitätsfremd. Einmal gebildet laufen sie immer wieder gleich ab, ohne sie an der aktuellen (!) Realität zu messen.

Und: Unterschiedliche Menschen reagieren auf dieselben Reize unterschiedlich. Der eine reagiert aufgrund des Anfangsreizes Hund mit einer übertriebenen Ruhe, dann (Schock-)Starre und schließlich Flucht. Der andere mit 'nach unten gehen', 'mit dem Hund reden' und schließlich streicheln. Gerade hier zeigt sich der Sinn der Fortsetzungsordnung im Focusing. Wir können schwerlich entscheiden wie sinnig eine lange Kette an Verhaltensabläufen innerhalb eines komplexen Musters ist. Sinnvoller ist es da, einen Schritt nach dem anderen zu gehen und so immer wieder zu sehen, was an diesem Schritt an Gefühlen, Ideen, Körperempfindungen oder Bildern dranhängt.

Leichter ist es da – so de Bono – entweder eine komplett neue Kette zu erschaffen und diese an den Hinweisreiz zu 'kleben' oder zu einem anderen Teil der Kette zu springen, um auf neue, weniger eingefahrene Lösungen zu kommen. So ergeben sich am Beispiel 'in Urlaub fahren' plötzlich neue Ideen, wenn der Hinweisreiz 'drei Wochen frei' und das Muster 'Packen – Wegfahren – Strand – Kinderbetreuung – Wandern usw.' durch ein neues Muster 'zuhause bleiben – nicht packen – Radwandern – Ausschlafen – Baggersee usw.' ersetzt wird. Oder wenn ein direkter Sprung zu Wandern oder Strand unternommen wird, um zu sehen, was dabei herauskommt. In diesem Sinne kann es auch sinnvoll sein, das Pferd von hinter aufzuzäumen, d.h. mit dem Ende zu beginnen: Wie sieht das Ende des Musters aus? Und dann Schritt für Schritt nach vorne zu gehen.

Hinzukommt, dass wir oftmals Probleme haben, eine Lösung zu finden, da die Informationen nicht in der 'richtigen' Reihenfolge auftauchen. Deshalb ist es wichtig, diese nachträglich – wenn sie alle vorhanden sind – in die richtige (oder zumindest eine andere, weniger starre) Reihenfolge zu bringen, sprich umzustrukturieren. Nichts anderes also, was im Focusing passiert. Dazu noch einmal das Beispiel der Person mit der leichten Hundephobie: Die Informationen, die auftauchen sind ...

1. Der Hund von weitem. Wir sind noch ruhig, er könnte ja noch woanders langlaufen.
2. Der Hund kommt näher und ist ein wenig 'wild'. Jetzt besteht kein Zweifel, wir sollten schon mal in Hab-Acht-Stellung gehen.
3. Der Hund ist schon ganz nahe, sodass wir sehen, dass er erstens gar nicht so groß ist und zweitens so ähnlich wuschelig aussieht wie der von Tante Martha. Also brauchen wir eigentlich doch keine Angst haben.

Wir sehen hier, dass wir erst alle (zumindest einen Großteil an) Informationen haben sollten, bevor wir wirklich Angst und Schweißausbrüche bekommen – bevor wir endgültig eine Entscheidung treffen.

# 3 Körper oder Geist?

Wie David Servan-Schreiber beschreibt, werden wir nur glücklich, wenn die kognitiven und emotionalen Teile unseres Gehirns zusammenarbeiten bzw. sich gegenseitig ergänzen. Die emotionalen Teile zeigen uns, was uns glücklich macht und wie wir unser Leben leben sollten, während die kognitiven Teile uns zeigen, wie wir dies am besten erreichen.[18] In einem weiteren Schritt sollte der kognitive Teil unseres Gehirns sich darum kümmern, welche Ziele wir uns setzen sollten und der emotionale wiederum, was wir bei Erreichen eines Zieles empfinden und ob sich dies mit unseren tiefer liegenden Motiven deckt.

Wenn es um emotionale Reaktionen bzw. die emotionale Beurteilung einer Situation geht, spielen drei Bausteine des Gehirns die Hauptrolle: Der Mandelkern bzw. die Amygdala, der Hippocampus und das mesolimbische System.[19]

Bewusst oder unbewusst wahrgenommene Informationen werden je nach 'Gefahrenlage' und Brenzligkeit vom Thalamus entweder an den Neokortex über den großen Daten-Highway zur rationalen Verarbeitung, oder in 'stark' emotionalen Fällen direkt an den Mandelkern über die kleine Seitenstraße für schnelle Reaktionen, weitergeleitet.

Der Mandelkern, auch Amygdala genannt, ist zuständig für negative emotionale Informationen, z.B. Stress, Angst oder Wut, die ohne rationale Verarbeitung sofort zu einer Reaktion führen und führen müssen, da wir in Gefahrensituationen keine Zeit haben, lange nachzudenken. Dies geschieht unter Ausschluss des Neokortex, zuständig für die rationale und sensorische Verarbeitung von Informationen. D.h.: Wenn Sie etwas sehen, das auch nur im entferntesten etwas anderem ähnlich sieht, vor dem Sie sich fürchten oder jemand eine Eigenschaft hat, die Sie nicht 'abhaben' können, reagieren Sie sofort mit Flucht, Abwehr, Ablehnung oder Wut (siehe 'Instinkt'). Erst in einem zweiten Durchgang stellen Sie sensorische Vergleiche an: Ist das wirklich eine Schlange oder doch nur ein Stock? Hat die wirklich diese penetrante Stimme meiner Exfreundin? Zu diesem Zeitpunkt wurde Ihr Körper schon soweit aktiviert, um beherzt und hochkonzentriert zuzuschlagen oder wegzurennen.

Menschen, die keinen Mandelkern mehr haben bzw. die Verbindung gekappt ist, interessieren sich für keine anderen Menschen mehr und empfinden weder Wut, Furcht noch Freude. Andererseits führen sogenannte Mandelkern-Entgleisungen zu emotionalen Überreaktionen, z.B. Gewaltakten oder auch Lachkrämpfen – die Verbindung zum Neokortex ist dann in beide Richtungen gestört, sodass dieser keine zügelnden Maßnahmen ergreifen kann.

Von der Amygdala aus werden Informationen an die Nebenniere geliefert, um Adrenalin, Noradrenalin, Hormone oder Cortisol auszuschütten. Ihr Körper reagiert mit den typischen Stresskomponenten. Wenn wir weinen und getröstet werden, wird im übertragenen Sinn auch der Mandelkern gestreichelt.

Dabei wirken Emotionen stärker auf den Geist als anders herum. Dies ist ganz logisch, wenn wir uns vor Augen führen, dass kein Argument der Welt wirklich Schlagkraft besitzt, wenn es ihm an emotionaler Tiefe mangelt.

In Anlehnung an den Neurobiologen Gerald Hüther lässt sich der Zusammenhang zwischen Verstand und Emotionen idealerweise in Form einer DNS erläutern, bei der die Abstände der einzelnen Spiralen zueinander immer kleiner werden. Jedesmal wenn ein Problem ansteht, z.B. ein Bedürfnis des Bauches befriedigt werden soll, kann der Bauch

---

18 Siehe Servan-Schreiber: Die Neue Medizin der Emotionen, S. 39f
19 Für einen sehr guten Überblick in diese Zusammenhänge empfehle ich Gerhard Roth: Persönlichkeit, Entscheidung und Verhalten.

einen Alleingang wagen und so seinem Bedürfnis schnell Luft verschaffen oder aber mit Hilfe des Verstandes überlegen, wie er seinem Bedürfnis kurz- und langfristig gerecht wird. So nimmt der gesamte Körper nach jedem Treffen einige Erfahrungen, Fähigkeiten und einiges Wissen mehr mit in die nächsten Situationen. Und es hierbei nicht um ein Ziel ansich geht – der vollkommen intelligente Mensch etwa – kann es folglich nur um eine Annäherung an dieses Ziel gehen bzw. um den Weg als Ziel ...

... solange bis quasi Verstand und Emotionen nicht eins sind, sondern dauerhaft und stetig an einem fest geknüpften Strang ziehen – mit kleinen unregelmäßigen Rückschlägen zwischendurch, versteht sich.

Ein anderes Bild ergibt sich, wenn wir bei der äußeren Aufteilung in oben und unten bleiben. Dabei gilt: Das was wir wahrnehmen (das Was!) wird von unten nach oben transportiert (bottom-up). Darauf, was wir wahrnehmen, haben wir entsprechend wenig Einfluss. Nur durch die Schulung unserer Wahrnehmung unter Einbeziehung unserer Erfahrungen lässt sich hier einiges machen. Doch die Befehle (das Warum!), die wir von oben nach unten geben (top-down) können wir sehr wohl beeinflussen.[20] Dies wird spätestens dadurch klar, wenn wir uns Experimente zur Veränderung des emotionalen Empfindens durch Embodiment ansehen.[21] Es macht nun mal einen Unterschied für unsere aktuelle Psyche, ob wir eine gerade oder gebeugte Haltung einnehmen. Und der Kopf gibt dazu den Befehl, sowie er auch die Anweisung gibt oder geben kann, manche Dinge genauer wahrzunehmen.

Die Zusammenhänge auf den Punkt gebracht:

* Der Kopf gibt die Ziele vor und zeigt die Richtung an.
* Der Kopf gibt, was genauer wahrgenommen werden soll.
* Der Kopf gibt Körperhaltungs-Anweisungen.
* Der Körper jedoch, und mit ihm seine vielfältigen Emotionen, liefert mit seinen Ressourcen die Beine, die uns tragen und die Wahrnehmung, die uns mit Information versorgen.
* Und der Körper zeigt uns an, was ihm gefällt und was nicht.

Beide sind ein Team, das nur zusammen perfekt funktioniert.[22] Und beide sollten simultan ihre Berechtigung haben, denn wenn der Kopf den Körper bzw. die Emotionen zu oft reguliert, verliert der Kopf irgendwann einmal die Verbindung zu der Nachrichten-Quelle Körper. Entscheidungsunsicher macht eine mangelnde Verbindung zu den eigenen Emotionen ohnehin, da wir – dies belegen einige Studien von Patienten mit einer Verletzung der emotionalen Zentren im Gehirn – Situationen dann nicht mehr als positiv

---

20 Siehe Ledoux: Das Netz der Persönlichkeit, S.244ff
21 Siehe Kapitel 8.
22 Vermittelt wird der Zusammenhang zwischen Gehirn und Körper durch den Hypothalamus, was hier jedoch meiner Meinung nach mehr Verwirrung stiften würde, anstatt Klarheit zu bringen (siehe Roth: Persönlichkeit, Entscheidung und Verhalten, S. 45).

oder negativ beurteilen können.[23]

Das spannende dabei: Emotional gespeicherte Informationen werden länger behalten. Wissen Sie noch, was Sie am 11.09.2001 machten? Psychologen bezeichnen dies als Blitzlicht-Erinnerung. Vereinfacht hilft uns die Ausschüttung von Adrenalin in emotional bedeutenden Situationen dabei, unsere Erinnerung zu schärfen. Den meisten Amerikanern – im richtigen Alter – geht dies mit der Ermordung von Kennedy so. Denken Sie doch ein paar Momente darüber nach, welche hoch emotionalen Ereignisse es in Ihrem Leben bisher gab und an welche Details Sie sich noch daran erinnern. Haben Sie jemals einen 'Abenteuer-Urlaub' verbracht? Wie verlief Ihre Hochzeit? Was passierte an Ihrem 18. Geburtstag? Wie sah Ihr erster Arbeitstag aus?

Mit der Kenntnis dieses Phänomens verwundert es nicht, dass im Focusing durch die Verbindung u.a. von Gefühlen, Körpersensationen, Bildern, Ideen und Themen starke Verknüpfungen entstehen, die nicht mehr so leicht vergessen werden.

Hier werden Anker gesetzt, die auch weit über den Prozess hinauswirken – ein Grund dafür, warum Focusing-Prozesse so nachhaltig wirken.

Allerdings werden aktuelle Situationen mit längst vergangenen verglichen – während sich die Welt stark gewandelt hat – was zu Ungenauigkeiten führt. Zumal sich der Mandelkern in unserer Kindheit früher ausbildete als Neokortex und Hippocampus. Deshalb ist es wichtig, die eigenen Empfindungen immer wieder mit der Realität zu vergleichen.

Diese Ungenauigkeiten werden im Focusing aufgearbeitet. Themen, Bilder, Emotionen usw. werden wieder neu geordnet und auf ihren persönlichen und v.a. aktuellen 'Sinn' überprüft. Laut Gerald Hüther (in: Embodiment) ist ohnehin alles im Gehirn miteinander neuronal verbunden. Dies macht es einerseits schwer, lange gelernte Verbindungen wieder zu trennen. Doch andererseits bedeutet dies auch, dass sobald eine Erlebensmodalität verändert wird, auch alle anderen teils sofort teils auch erst nach und nach mitziehen. Erforscht wurde dies in neuerer Zeit am Phänomen Embodiment, auf das ich noch zu sprechen komme. Nur soviel: Embodiment bedeutet vereinfacht: "Verändere Deine Körperhaltung, und Dein Empfinden wird sich ebenso verändern". Dies bestätigt die Erkenntnisse zahlreicher Focusing-Prozesse: "Verändere das eine (hier nicht nur auf den Körper bezogen) und etwas anderes wird nachfolgen". Zusätzlich kommt Focusing-Prozessen zugute, dass hier auf und mit allen Ebenen gearbeitet wird: schmecken, riechen, hören, sehen, fühlen und empfinden (körperlich und emotional!). Denn: Eine Veränderung wird immens erleichtert, wenn alle, und zwar wirklich alle Sinne miteinbezogen werden und sich so wieder neu ordnen können. Dabei gelten folgende 'Lernregeln' (ebd., leicht ergänzt):

- Es sollte ein hoher Grad an Aufmerksamkeit vorherrschen.
- Es sollten alle Sinnes- und Erlebenskanäle einbezogen werden.
- Es sollte ein unmittelbares positives Feedback erfolgen.
- Das Gelernte sollte einen persönlichen Bezug aufweisen, sprich: wichtig sein.
- Das zu Lernende sollte an vorhandenes Wissen andocken.
- Es sollte einen gewissen A-H-Effekt geben.
- Es darf kein Dis-Stress aufkommen.
- Das Ganze sollte ausreichend wiederholt werden.

---

23 Siehe Servan-Schreiber: Die Neue Medizin der Emotionen, S. 43f

Der Zusammenhang zwischen Bauch und Kopf wird noch klarer, wenn wir uns verdeutlichen, dass die Amygdala direkt über Nervenbahnen mit dem Darmhirn bzw. unserem Bauch(-gefühl) verbunden ist. Wenn eine Information, die in ein bereits bekanntes Muster passt, über das Gehirn bzw. den Mandelkern aufgenommen wird, wird dies an den 'Bauch' weitergeleitet. Dort entsteht ein somatischer Marker – eine körperliche Reaktion, die Ihnen zeigt, ob Sie eine Situation als angenehm oder unangenehm empfinden.

In manchen Veröffentlichungen ist von einem zweiten Gehirn die Rede, von einem Darm- oder Bauchgehirn. Und in der Tat: Der Darm verfügt über hundert Millionen Nervenzellen. Im Darm wurden die gleichen Zellen wie im Kopf gefunden. Der Darm produziert scheinbar autonom – in Wirklichkeit aber durch die Amygdala und das mesolimbische System – anregende und beruhigende Substanzen. Dabei findet 90% des Informationsaustausches von unten nach oben statt, d.h. von unserem Parabol-Antennen-Körper Richtung Gehirn zur Verarbeitung. Dennoch: Die Steuerzentrale sitzt oben.

Da die Nervenbahnen in beide Richtungen führen, werden Bauchgefühle ebenso nach oben zum Mandelkern geleitet, wodurch dieser die Informationen an den Neokortex zur analytischen Beurteilung weiter gibt.

Solche Bauchentscheidungen im Zusammenspiel mit der Amygdala gelten ebenso als Definition für Intuition. Der Mandelkern und das mesolimbische System gelten als das emotionale Erfahrungsgedächtnis, das Urteile automatisch im Kontrollmodus fällt. Gerhard Roth spricht hierbei von einem vorbewussten Zustand, der mit Hilfe einer kurzen Ruhepause – z.B. indem das restliche Gehirn mit etwas anderem beschäftigt ist – komplexe intuitive Entscheidungen aufgrund der bisherigen Erfahrungen trifft. Es geht hier nicht darum, eine schnelle Bauchentscheidung zu treffen, vielmehr darum, seinem Bauch die Chance zu geben, die Informationen, die er bereits aus älteren Situationen besitzt mit der aktuellen Situation zu vergleichen. Somit stellt das Vorbewusste eine sinnvolle Verbindung zwischen Unbewusstem und Bewusstem her.

Dahingegen ist das flexible Absichtsgedächtnis, der Neocortex, auf regulierende Weise wesentlich leichter für unser Denken zugänglich, insbesondere wenn es darum geht, emotionalen Ausrutschern entgegenzuwirken. Und damit sind wir bei der zweiten wichtigen Komponente unseres Gehirns angekommen, wenn es um die Verarbeitung von emotionalen Erfahrungen und Informationen geht: dem Hippocampus. Joseph Ledoux, der in seinem Buch "Das Netz der Gefühle" das Zusammenspiel der verschiedenen Teile des Gehirns bei der Entstehung von Emotionen sehr anschaulich darstellt, unterscheidet zwischen expliziten und impliziten Erfahrungen z.B. in traumatischen Situationen. Die impliziten sind in der Amygdala gespeichert, weshalb wir uns gerade für diese kleine Mandel im Gehirn so interessieren[24]. Dahingegen sind explizite, emotionale Erfahrungen im Hippocampus gespeichert[25]. Zur Verdeutlichung am Beispiel einer intuitiven Eingebung: Sie wissen genau, was Sie in einer scheinbar unbekannten Situation zu tun haben, um möglichst reibungsfrei durchzukommen. Aber Sie wissen nicht warum? Dies passiert uns so häufig, weil beide Informationen, das 'Was' und das 'Warum', in unterschiedlichen Gehirnteilen abgespeichert sind. Im Hippocampus sind die Themen und Situationen gespeichert, die Erinnerungen an emotionale Begebenheiten, in all ihren Details – wenn denn noch welche in unserem Gehirn abrufbar sind. In der Amygdala sind die negativen emotionalen Marker dazu gespeichert. Letzten Endes geht es in einer Bewusstmachung unserer intuitiven Ideen – und ebenso in Focusing-Prozessen – um die Verbindung

---

24 Aufgrund seiner Form hat dieses Gebilde natürlich seinen Namen.
25 Ledoux sagt, sie wären dort gespeichert. Gerhard Roth widerspricht dem. Er meint, dass der Hippocampus lediglich der Organisator unseres deklarativen Gedächtnisses ist. Dieser kleine Unterschied soll hier jedoch keine Rolle spielen.

zwischen Hippocampus und Amygdala. Die Amygdala funktioniert wie ein Flutlicht: Sie sieht alles, aber leider nur ungenau. Der Hippocampus hingegen gleicht einem Punktscheinwerfer: detailgenau, doch leider übersieht er so manches.

Nun noch zum dritten im Bunde, dem mesolimbischen System, zuständig für die Bewertung von Situationen in Bezug auf positive Emotionen, z.b. erwartbaren Belohnungen und der entsprechenden Motivation zum Handeln. Das mesolimbische System leitet die entsprechenden Informationen weiter, um Schmerzen zu lindern, um über Anstrengungen hinweg zu kommen, wenn ein positives Ziel erwartbar ist oder bei der Erwartung(!) einer Belohnung Glücksstoffe, z.B. Dopamin, auszuschütten. Dies bedeutet, dass wir die Fähigkeit haben, uns bereits mit Hilfe eines Gedankens oder komplexer der mentalen Simulation einer Handlung in eine Freudenstimmung hineinzumanövrieren und somit zur realen Handlung zu motivieren.

Nach neuesten neurobiologischen Forschungen besteht der Ablauf von der Wahrnehmung zur Emotion folgendermaßen:

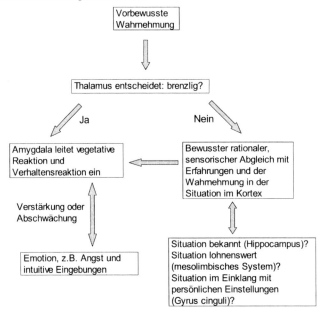

Erläuterung

1. Die vorbewusste Wahrnehmung unserer sechs Sinne nimmt erste Tuchfühlung mit der Situation auf und leitet Informationen – sofern brenzlig – über den Thalamus u.a. weiter an

2. die Amygdala, um alte negative Erfahrungen zu aktivieren. Da die Amygdala im Unbewussten oder Vorbewussten arbeitet, werden in emotional brenzligen Situationen, an unserem Bewusstsein vorbei

3. vegetative Reaktionen autonom eingeleitet, z.B. Zittern, Angstschweiß, Erstarren, Fluchttendenzen oder zu Berge stehende Haare, sprich die somatischen Marker, die für uns zur Situation passen. Gleichzeitig können vorbewusst automatische

Verhaltensreaktionen stattfinden. Diese Verhaltensreaktionen und die Gedanken dazu sind ein Teil der Intuition.

4. Erst dann wird mit Hilfe der emotionalen Erfahrungs-Informationen eine Bewertung des körperlichen Zustandes vorgenommen. In emotionalen Situationen wird insbesondere der Hippocampus befragt, an was wir uns noch explizit erinnern, wenn wir die aktuelle Situation mit vergangenen vergleichen. Ferner findet nun eine detaillierte sensorische Untersuchung der Situation über den Kortex statt.

5. Unsere Emotionen werden uns bewusst und verstärken unsere Reaktionen oder schwächen sie ab. Wir befinden uns sozusagen im ersten Moment einer kritischen Situation in einem Zustand allgemeiner Erregung. Erst nach der Bewertung – auch unter Berücksichtigung unserer Möglichkeiten in der Situation – wird daraus z.B. Angst oder Wut.

6. Zuletzt wird die Situation bzw. daraus folgende Handlungen als lohnenswert und/oder im Einklang mit unseren Einstellungen, Bedürfnissen und Motiven beurteilt.

Bleibt uns noch ein weiterer Teil des Gehirns namens Gyrus cinguli (zu deutsch: Gürtelschlaufe) zu erläutern übrig. Laut Joachim Bauer ist dieser Teil für das Lebensgrundgefühl, das Ich-Gefühl, Mitgefühl und Empathie zuständig. Laut meiner Beschreibung des Zusammenspiels zwischen impliziten Einstellungen und implizitem Wissen verorte ich dort folglich die Heimat unserer Motive und Motivationen, unserer Werte und Bedürfnisse. Joseph Ledoux betrachtet den Gyrus cinguli (neben anderen Bereichen im Gehirn) als ein System, das zwischen z. B. furchteinflößenden Umweltreizen und der Furchtreaktion ansich vermittelt, indem es sozusagen auf Voreinstellungen zurückgreift.[26] Somit kann sich eine Grundeinstellung, die wir zum Leben oder auch zu bestimmten Situationen haben sowohl abschwächend als auch verstärkend auswirken. Wenn wir uns ergo bewusste Motive aneignen bzw. unsere Motive auf ihre Sinnigkeit untersuchen, sollte es uns leichter fallen, insbesondere mit Ängsten unängstlicher umzugehen.

Anhand dieses Ablaufs wird deutlich, warum wir oft zuerst Angst haben bzw. uns als erstes negative Argumente zu einer Entscheidung einfallen. Wir können gar nicht anders, schließlich beziehen wir unsere Argumente hauptsächlich aus der direkten Konfrontation mit unserer Umwelt. Dies führt dazu, dass wir oftmals mit einem drohenden Verlust im Hier und Jetzt direkt konfrontiert werden, während das, auf was wir uns freuen noch weit entfernt erscheint.

Im Focusing gibt es die Anweisung: "Lass die erste Eingebung an Dir vorüberziehen. Nimm die zweite Eingebung, die auftaucht als Start des Prozesses." Oft heißt es: Als erstes tauchen soziale Erwünschtheiten auf. Als erstes spricht unser Kopf, der schnell dabei ist, uns etwas einzusagen, das sich im Nachhinein als eine Finte herausstellt. Hierin liegt eine zweite Antwort: Es sind (zumeist) die Ängste, die wir zuerst mental überwinden und aus dem Weg schaffen müssen, um an unseren wirklichen Kern zu kommen – um dahin zu kommen, wo unsere Neugierde, unsere Hoffnung und unser natürlicher Drang nach Wachstum wohnt.

Daraus ergeben sich als beraterische und therapeutische Aufgaben in einem Dreieck aus Amygdala, Hippocampus und Gyrus cinguli:

---

26 Siehe Ledoux: Das Netz der Persönlichkeit, S. 288f

**Hippocampus**
- langfristiges Lernen einer richtigen Einordnung und Beurteilung von Situationen
- maladaptive Lernen rückgängig machen

**Amygdala**
- Umgang mit Stress
- Freiraum in und nach der Beratung
- Sinnigkeit der Emotionen, z.B. Angst
--> ursprüngliche, gelernte oder maladaptiv gelernte Angst?
--> lebens- oder systemerhaltende Angst?
--> ungünstig systemerhaltende Angst?

**Gyrus cinguli**
Werte und Einstellungen im Umgang mit bestimmten Situationen, Emotionen, Gefühlen und Stress als Sicherungssystem oder Schutz gegen emotionale Ausrutscher

Erläuterungen

1. Streichle die Amygdala und verhindere durch das Schaffen von Freiraum, dass es zu instinkthaften Überreaktionen und Aus-Flüchten kommt. Unterscheide die sinnvollen Ängste von den unsinnigen.

2. Helfe dem zu Beratenden dabei, seine Wissensinhalte von Amygdala und Hippocampus zu verknüpfen, um zu ergründen welches Warum hinter dem Was steckt. Helfe dem zu Beratenden dabei, Inhalte, die sich ungünstig verknüpft oder verschoben haben neu zu ordnen und umzulernen.

3. Helfe der zu Beratenden, ein vor emotionalen Überreaktionen schützendes Wertesystem (Gyrus cinguli) aufzubauen, das als Puffer zwischen Situationen (Hippocampus) und der emotionalen Reaktion (Amygdala) fungiert.

4. Und schließlich: Leite eine mentale Simulation an, in der diverse Belohnungen auf den Klienten-Menschen warten, damit diese bereits während dieses simulierten Prozesses genügend Dopamin ausschüttet, um auch in der realen Welt genügend motiviert zu sein, das entsprechende Thema anzugehen und dadurch eine persönliche Weiterentwicklung einzuläuten.

### *Die missverständliche Trennung von Kopf und Bauch*

Damasio geht, ebenso wie Eugene Gendlin, dem Begründer von Focusing, davon aus, dass unser Körper eins ist. Eine Trennung zwischen Kopf und Bauch ist lediglich als vereinfachte Erklärung sinnig, entspricht jedoch nicht der Wirklichkeit. Beide sprechen lieber vom Körper als Ganzem, der Informationen nicht nur ab und an weiterleitet, sondern zu jeder Zeit miteinander in Kontakt steht. Wenn im Rumpf etwas vor sich geht, wird dies sofort im Gehirn durch Landkarten repräsentiert. 'Die Orte' für Kartierungen der Körperempfindungen im Gehirn nennt Damasio 'Insula(e)' – kleine Inseln auf denen genau verzeichnet steht, was gerade andernorts passiert.

Das heißt: Alles passiert gleichzeitig. Jedes Cluster von Körperempfindungen zu entsprechenden Situationen oder Gedanken z.B. von Trauer bei einem Sterbefall wird gleichzeitig im ganzen Körper empfunden, und noch einmal als Muster im Gehirn repräsentiert. Jedesmal, wenn eines dieser Cluster aktiv ist, z.B. aufgrund einer Reaktion des Körpers in einer für ihn unangenehmen Situation, ist gleichzeitig das Muster im Gehirn aktiv. Neurowissenschaftler prägten dafür das Gesetz: "What fires together, wires together." Was gemeinsam aktiv ist, verbindet sich auch.

Über die Lebensjahre entsteht so eine detaillierte Landkarte im Gehirn. Körper und Geist sind somit ein Organismus, der nur im Zusammenspiel perfekt funktioniert. Dafür spricht auch die Entwicklung des Geistes: Dass der Geist nach und nach nicht nur zur Steuerung des Körpers benötigt, sondern auch befähigt wurde, Vorstellungsbilder zu erzeugen, half ihm, den Körper besser zu schützen oder entwickeln zu lassen. So war er bald in der Lage, Gefahren in Gedanken vorwegzunehmen. Langfristig ist der Organismus so in der Lage, sich an verändernde Umstände anzupassen und länger oder ungestresster zu überleben.

Dieser Umstand wird im Focusing genutzt, um mit gezielten Bildern oder Sätzen neue Situationen zu kreieren bzw. über diese Modalitäten einen Zugang zur inneren Welt des Klienten-Menschen zu bekommen. In einem weiteren Schritt werden Körpersensationen und Gefühle oder auch – seltener – das Riechen und Schmecken hinsichtlich der Verbindungen zu diesen Sätzen und Bildern untersucht.


Im Gegenzug werden z.B. Symbole dann wieder mit Gefühlen rückgekoppelt, sodass in einer später 'realen' Situation alleine durch das 'Herholen' des Symboles das Gefühl ebenso auftaucht. Somit liefert ein Focusing-Prozess einen Vorgeschmack und eine Vorbereitung auf die reale Welt.

# 4 Implizites Erleben – explizite Sprache[27]

Zu Beginn dieses Kapitels ein (geliehenes) Beispiel aus dem Buch 'Die Neue Medizin der Emotionen' von David Servan-Schreiber, um zu verdeutlichen, wie wichtig der Körper in Therapien ist:"Marianne machte seit zwei Jahren eine ... Psychoanalyse. ... Trennungen ertrug sie schlecht. ... Nach zwei Jahren verstand Marianne ihr Problem sehr genau. In allen Einzelheiten konnte sie die schwierige Beziehung zu ihrer Mutter beschreiben ... Sie hatte große Fortschritte erzielt ..., auch wenn es ihr nie gelungen war, den Schmerz und die Traurigkeit ihrer Kindheit noch einmal zu durchleben. Da sie ständig auf ihre Sprache fixiert war, hatte sie ... auf der Couch nie geweint. Zu ihrer großen Überraschung hatte sie ausgerechnet bei einer Masseurin und im Rahmen einer eine Woche dauernden Thalassotherapie plötzlich zu ihren Gefühlen zurückgefunden. ... Dieses Gefühl, das sie lange in ihrem Kopf gesucht hatte, war stets da gewesen, versteckt in ihrem Körper. Aufgrund seiner engen Beziehung zum Körper ist es oft leichter, über den Körper auf das emotionale Gehirn einzuwirken als über die Sprache."[28]

Und genau dort – in unserem Körper – ist der Sitz des impliziten Wissens. Implizites Erleben ist laut Gendlin unvollständig, wenn es nicht mitagieren oder mitsprechen kann. Ebenso müssen Ereignisse mit dem impliziten, körperlichen Erleben interagieren, um bedeutungsvoll und emotional aufgeladen zu werden. Selbst wenn eine Bedeutung explizit, also ausdrücklich ist, wenn wir genau das sagen, was wir tief in unserem Inneren spüren[29], enthält die implizite Bedeutung, die wir spüren noch eine ganze Menge mehr an Bedeutungen und Gefühlen, als diejenigen, die bereits geäußert wurden. Implizites Erleben wartet demnach auf eine Fortsetzung. Hier fehlt etwas, das noch nicht begriffen, noch nicht getan, noch nicht gefühlt wurde, aber sehr wohl will.

## *Die Fortsetzungsordnung im Focusing*

Die Wechselwirkung zwischen implizitem und explizitem Erleben hält uns am Leben und entwickelt uns weiter, da sie das ergänzt, was ansonsten fehlen würde. Dieses Ergänzen beinhaltet bestenfalls einen erlebten Schritt in die 'richtige' Richtung[30]. Der Körper fühlt sich erleichtert, er bekommt neue Energie oder ein "Ja, da hat sich etwas Wesentliches in meinem Körper zum Positiven verschoben".

Die impliziten und expliziten Ziele oder Motive dieser Entwicklung hat bereits Carl Rogers beschrieben: "Wachstum, Gesundheit, Anpassung, Gesundheit, Sozialisierung, Selbstverwirklichung, Unabhängigkeit und Autonomie"[31] – offensichtlich eine Lebensaufgabe, hier die Balance zu halten.

All dies folgt im Focusing einem bestimmten System. Die von Gendlin beschriebene Fortsetzungsordnung bestimmt immer den nächsten Schritt. Dieser ist klar und stimmig. Wenn wir auf die Informationen unserer Körpers achten können wir diesen logischen Schritt bereits vor unserem inneren Auge sehen. Doch den übernächsten können wir nicht

---

27 Nein, natürlich nicht die 'Explicit Lyrics', die Sie von so mancher Hip-Hop-Platte Ihrer Kinder kennen. Obwohl: Auch hier könnte bei den Sängern einiges aus dem Unbewussten sprechen: Frauen, große Autos, wer weiß?
28 Siehe dort, S. 36f
29 In der Sprache des Focusing ist das der felt sense.
30 Im Focusing Felt Shift genannt.
31 Siehe Anges Wild: Die Persönlichkeitstheorie Rogers ..., S. 64f, in: Gesellschaft für Wissenschaftliche Gesprächspsychotherapie: Die Klientenzentrierte Gesprächspsychotherapie, Kindler 1975

sehen. Zuvieles könnte hier in der Zwischenzeit (nach dem nächsten Schritt) noch dazwischen kommen, Informationen von innen und von außen.

Dieser nächste Schritt beschreibt vor unserem inneren Auge oder Ohr, vor unseren Händen, unserem Mund und unserer inneren Nase das auf uns zukommende 'Wie' einer Situation. Wir sehen und hören, schmecken, riechen oder fühlen alle Details der Situation, da sie uns, so nahe bevorstehend, emotional berührt. Wenn diese emotionale Berührung fehlt, z.b. wenn wir uns eine Situation in weit entfernter Zukunft vorstellen, suchen wir lediglich danach, warum wir etwas potentiell tun werden – nicht aber danach, wie das Ganze ablaufen wird.[32]

Der Psychologe Daniel Gilbert erfand hierfür das Kunstwort 'nexting'[33], um klarzustellen, dass das Gehirn vergangene Gedächtnisinhalte und aktuelle Informationen dazu nutzt, um das er erklären, was es bzw. der Organismus als nächstes erwartet. Und dies ist keine Ausnahme. Das Gehirn ist andauernd dabei, kleine Vorhersagen zur Zukunft zu machen. Auffallen tut uns dies erst, wenn etwas passiert, das wir nichts erwarten. Wenn wir z.B. einen Film sehen und nach längerem Geturtel das offensichtlich verliebte Männchen dem offensichtlich dahinschmelzenden Weibchen tief in die Augen sieht und sagt: "weißt Du, ich sage das nicht oft zu einer Frau, aber ich liebe ... mein Auto". Dann merken wir, dass unser Gehirn innerlich bereits etwas anderes hörte, dann jedoch bitter enttäuscht wurde. Insofern beschreibt dieses 'nexting' auch eine Art Intution: Wir bzw. unsere Erfahrung auf einem bestimmten Gebiet haben eine eindeutige Erwartung, wie eine Szene auszugehen hat, damit sie stimmig ist. Und dennoch entscheiden wir uns so oft gegen diese kleine dünnen Stimmchen, aus Faulheit, Bequemlichkeit, mangelndem Mut oder aufgrund sozialer Erwünschtheiten oder Unerwünschtheiten.

Nach vorne ist dies leider nur bedingt berechenbar, weil zu dem Input von außen, z.B. einer Frage zu einer Entscheidung, noch eine Menge innerer Input hinzukommt. Von außen kommt der Schlüssel, aber das Schloss ist schon da. Und die Tür ist auch schon da. Der Schlüssel kann in gewissen Grenzen verschieden geformt sein und dennoch passen. Die Tür kann aufgehen – sicherlich. Aber wie weit, das ist die Frage. Sie kann auch nicht aufgehen. Sie kann sich durch die Kälte verzogen haben. Sie kann quietschen oder sich zuerst gegen ein Öffnen sperren. Aber mit einem der vielen passenden Schlüssel wird Sie sich irgendwie bewegen lassen.

Dies alles lässt sich durch Focusing im Moment für einen Schritt klären. Doch der übernächste und überübernächste muss immer wieder von neuem geklärt werden. Von daher ist die Fortsetzungsordnung nicht klar festgelegt. Ganz willkürlich ist sie aber auch nicht.

Bemühen wir noch einmal das Bild mit dem Wollknäuel. Wenn wir nun hingehen und wild an dem Stück ziehen, das wir als erstes greifen können – dem Anfang – dann wird dies vermutlich dazu führen, dass sich das ganze verknotet und nicht mehr so leicht zu entwickeln(!) ist. Wir müssen folglich langsam und behutsam einen Schritt nach dem anderen machen und so die impliziten Geheimnisse des Knäuels nach und nach lüften.

In der Rückbetrachtung erscheint auch in langen Ketten alles wohl geordnet und logisch, so wie meine fünfjährige Tochter zu etwas, das sie eigentlich nicht geplant hatte und vor fünf Minuten noch ganz anders haben wollte, aber die Umstände (oder ich) sie zu einer anderen Aktivität zwingen, sagt:"Ja, genau so wollte ich das haben!" – in den unsinnigsten, verrücktesten Momenten. Nebenbei: Vergangenheitsverzerrungen nehmen nicht nur kleine Kinder vor. Auch die Großen greifen nach Fehlentscheidungen fatalerweise gerne darauf zurück – und speichern die falschen Daten für weitere Entscheidungen ab.

---

32 Siehe Gilbert:Ins Glück stolpern, S. 176ff
33 ebd., S. 29f

## Der organistische Plan

Hintergrund dieses Wissens des Körpers ist nach Gendlin ein organistischer Plan, in dem festgelegt ist, wie wir uns – im Zusammenspiel mit Umwelteinflüssen – entwickeln. Ein Baby wächst (einfach so), lernt trinken und sprechen (mit Hilfe der Umwelt), bekommt Zähne (einfach so) und lernt laufen (sowohl als auch). Es trägt einen inneren Plan in sich, so wie alles Lebende. Doch der Plan bleibt nicht statisch. Er lernt dazu und strebt nach immer größerer Vervollkommnung. Er interagiert mit der Umwelt, indem das Baby wahrnimmt, Hilfe bekommt, agiert und reagiert. Hier kommen unsere fünf Sinne zu ihrem Recht, als auch der sechste Sinn, unser Körper, der die Umwelt erlebt, in der Umwelt lebt und alle Reize der Umwelt verarbeitet und integriert. Dadurch ist der Plan stetig auf eine Anpassung mit der Umwelt ausgelegt. So nimmt jedes Baby alles, was es bisher erfahren hat mit und macht immer wieder einen neuen Schritt. Wäre das anders, so würden wir alle, wenn wir unter genau gleichen Bedingungen aufwachsen (was natürlich nicht möglich ist), gleichzeitig zu reden beginnen und gleichzeitig laufen lernen. Davon abgesehen, dass uns die Schritte eines Babys im Vergleich zu unseren Erwachsenen-Schritten bombastisch groß vorkommen, sehen die Prozesse bei uns ganz ähnlich aus. So flüstert uns unser Körper in manchen Momenten zu:

- Mach dies. Dann fühlst Du Dich besser!
- Mach das. Das hat einmal in einer anderen (ähnlichen) Situation gut funktioniert.
- Und das. Das fühlt sich gut an, auch wenn Du es noch nie ausprobiert hast oder nicht genau weißt, warum.

Mit dem letzten Satz wird genau das ausgedrückt, was den Raum für Neues eröffnet. Wir probieren etwas aus, weil wir fühlen, dass es gut sein könnte. Ein zaghafter Versuch, ein erster Schritt, nach einem universellen Prinzip folgend:

Reduziere die Anspannung im Körper und Du bist auf dem richtigen Weg!

Dieser Druck, diese Anspannung wird weder durch Fortlaufen noch durch Aggressionen langfristig gelöst. Nur durch die Auflösung einer Krise erreichen wir auch die eigene Erlösung von dem Druck, der uns belastet. Etwas hat sich bewegt. Etwas hat sich verändert. Die einzelnen Situationen mögen neu sein.

Die Möglichkeiten, den Druck zu verringern kennen wir.

Halten wir fest, wie der Körper neue Erkenntnisse und Lösungen entwickelt:

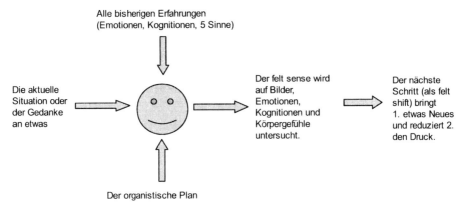

Alle bisherigen Erfahrungen
(Emotionen, Kognitionen, 5 Sinne)

Die aktuelle
Situation oder
der Gedanke
an etwas

Der felt sense wird
auf Bilder,
Emotionen,
Kognitionen und
Körpergefühle
untersucht.

Der nächste
Schritt (als felt
shift) bringt
1. etwas Neues
und reduziert 2.
den Druck.

Der organistische Plan

Erläuterungen

- In den bisherigen Erfahrungen ist alles gespeichert, was unser Körper bisher erfahren hat und zur aktuellen Situation passt. Dies schließt sowohl bewusstes, vorbewusstes als auch unbewusstes Wissen mit ein.

- Die aktuelle Situation wird durch Sprache, unsere fünf Sinne, am meisten aber durch unseren Körper wahrgenommen. Die Sprache und unsere fünf Sinne sind leider äußerst täuschungsanfällig – sowohl von innen (Stichwort: Innere Kritiker), als auch von außen (Stichwort: Sinnestäuschungen und Kommunikationsstörungen). Unser Körper lässt sich nicht täuschen. Er vergleicht die Situation mit allen bisherigen Erfahrungen, um einen weiteren Schritt zu planen. Wenn wir einen guten Zugang zu ihm haben, lassen wir uns als Burgherren und -damen ebenso nicht täuschen! Ledoux meint dazu, dass für jede Erfahrung – ergo auch das Wiederaufrufen einer Erfahrung – die Synchronizität der Modalitäten wichtig ist. Zusammengefasst wird dies in dem Spruch "what fires together wires together". Das heißt, alles was zusammen in einer Situation an Sinnen und Modalitäten aktiviert wird, wird zusammen abgespeichert, um ein möglichst komplexes Bild zu bekommen[34], was bedeutet, dass wir auch im Focusing wert auf ein ganzheitliches Bild legen sollten, um eine erneute mentale Erfahrung oder eine Erfahrungserweiterung langfristig abzuspeichern.

- Der Plan wird stetig angepasst an das was ist und das was war. Er bestimmt das 'Was' auch auf einer zeitlichen Schiene (was auch niemals oder sehr spät sein kann, siehe Kaspar Hauser). Das 'Wie' wird durch die ersten beiden Punkte bestimmt.

- Der nächste Schritt bleibt immer nur ein Schritt in Abhängigkeit von dem Plan, der Erfahrung und der Situation. Bereits mit einem kleinen Schritt verändert sich das komplette Setting, sodass es wieder ganz neue Erfahrungen gibt, eine komplett neue Situation. Folglich bedarf es dann auch wieder eines komplett neuen nächsten Schrittes.

---

34 Siehe Ledoux: Das Netz der Persönlichkeit, S. 258f

Gendlin vergleicht diesen Plan mit natürlichen Prozessen z.B. dem Wachsen einer Pflanze. Die Pflanze antwortet sehr genau auf Aktionen aus der Umwelt, wenn sie Wasser bekommt, genetisch verändert wird, kein Wasser bekommt oder umgetopft wird. Und dennoch verfolgt sie einen inneren Plan, der sich stetig der Umwelt anpasst, wie sie wachsen wird.

Der Neuropsychologe Damasio beschreibt einen ganz ähnlichen Vorgang: Sobald wir uns an einen Reiz erinnern oder diesen Reiz äußerlich erfahren, trifft dieser auf unser Körper-Selbst oder auch Kern-Bewusstsein (dazu später mehr). Dieses Körper-Selbst besteht aus einer Vielzahl abgespeicherter somatischer Marker, die dann als Reaktion auf den Reiz entsprechend aktiviert werden. Dies alles funktioniert im Gegensatz zu unserem bewussten selbstreflexiven Selbstbild zumeist unbewusst und vorsprachlich. Das was wir als Körper-Selbst und bewusstes Selbst in einer konkreten Situation wahrnehmen und empfinden bringt uns dem felt sense sehr nahe, zumal die somatischen Marker neben allen anderen sinnlichen Eindrücken, Emotionen und Kognitionen ein Teil des felt sense sind.

Natürlich lösen wir durch Focusing-Prozesse keine Probleme im Sinne eines:"Jetzt sprech' ich mich aber mal richtig mit ihm aus!" Doch was wir tun, ist unseren Körper um eine Stellungnahme zu einem Thema oder Problem zu bitten. Und diese Antwort, die wir von ihm in einem quasi-meditativen Prozess bekommen, bringt Klarheit in Entscheidungen. Der Kopf hat nun nicht mehr die Chance, sich das Ganze schön zu reden. Denn: Der Körper, in dem alle bislang gemachten Erfahrungen unbewusst abgespeichert sind – inklusive aller kognitiven Ideen – hat offensichtlich etwas gegen das 'Schönreden'. Vielleicht verlangt er einen Schritt in eine andere Richtung, damit er sich wieder entspannen kann. Wie ein bekanntes Sprichwort sagt:

"Besser ein kleiner Schritt in die richtige Richtung als mit Sieben-Meilen-Stiefeln in die falsche!"


Im Focusing werden Gefühle und Körperempfindungen im Hinblick auf deren Verknüpfungen zu den Gedanken ergründet. Teils werden sie auch von maladaptiven Verknüpfungen entkoppelt oder im Hinblick auf soziale Einbettungen überprüft:"Ist das Gefühl schwach zu sein in einer bestimmten Situation wirklich so schlecht oder hat es einen tieferen Sinn?"

Wenn wir so wollen kann es hier auch zu einer Art innerem Reframing kommen. Dadurch entstehen neue Sichtweisen: Die körperlichen, emotionalen und kognitiven Welten werden neu zusammengefügt und gehen anschließend bewusste Verknüpfungen ein:"Ach, so ist das mit mir!"

Wenn die äußere Ordnung wegfällt, z.B. die Uhrzeit oder soziale Gepflogenheiten, ist es einfacher oder überhaupt erst möglich, nach innen zu horchen. Deshalb braucht es, zumindest zu Beginn, ein wenig Zeit, dies zu tun, die Welt da draußen auch draußen zu lassen.

# 5 Focusing als mentale Simulationen

Mit dem Begriff der mentalen Simulation beziehe ich mich auf Gary Klein. In dem Moment, in dem wir einen Handlungsbedarf feststellen, ist es gerade bei komplexen Handlungsabläufen sinnvoll, mögliche Handlungen vorweg im Kopf durchzuspielen. Visualisierungsexperten vollführen ein solches Vorweg-Nehmen in maximal sieben Stationen[35] für einen(!) Weg, d.h. es werden keine Wege miteinander verglichen. Andernfalls wäre die Überschaubarkeit gefährdet. Auch hier spielt unsere bisherige Erfahrung eine große Rolle, da erst dann die Folgen einer Handlung realistisch vorausgedacht werden. Allgemein ist dieses Verhalten von Sportlern, z.B. Hochspringern, bekannt, die kurz vor dem Sprung ihre Schritte noch einmal mental durchgehen und dabei ganz real die verschiedenen Bewegungen andeuten. Verknüpft mit dem, was wir bereits wissen, findet hier ein immenser Motivationsruck inklusive Dopaminausschüttung statt, alleine dadurch, dass eine Situation in den Gedanken und im Körper bereits vorweggenommen wird.

In dem großartigen, aber leider eher unbekannten Buch 'Natürliche Entscheidungsprozesse' von Gary Klein wird Focusing mit keinem Wort erwähnt. Dennoch spiegelt das, was er aufgrund einer Vielzahl an Interviews u.a. mit Hebammen, Ärzten, Soldaten, Feuerwehrleuten oder Piloten herausfand genau das wieder, was Focusing in seinem Kern ausmacht: Ein Mensch simuliert eine Entscheidungssituation und aktiviert so seinen gesamten Körper, um sich vorzustellen, wie die später reale Situation ausgehen wird.

Dabei fand er heraus, dass erfahrene Entscheider sich auf das Wesentliche fokussieren. Alles andere bleibt außen vor. Dadurch wirken sie fehlenden, falschen, unzuverlässigen, mehrdeutigen, widersprüchlichen oder zu komplexen Informationen entgegen. Die Aufgabe sollte vertraut, zumindest sollten die Muster mit kreativer Anpassung zugänglich sein. Dabei gilt: je erfahrener, desto mehr Schritte können in der Simulation zusammengefasst werden.

Solche Simulationen laufen i.d.R. über Einzelevaluationen ab. Die erste denkbare Handlung wird bis zum Ende durchdacht und dann ausgeführt oder eben nicht. Vergleichende Evaluationen kommen dann vor, wenn mehr Zeit zur Verfügung steht (Wohnungswahl, Essen aussuchen). Herbert Simon prägte dazu den Begriff des Satisficing[36]. Anstatt mehrere Wege parallel zu durchdenken und die beste Möglichkeit zu nehmen (Optimizing), wird die erste nach bestimmten Kriterien passende Möglichkeit ausgewählt. Die Vorteile liegen auf der Hand:

- Wir kommen während der Simulation auf neue Kombinationen, die uns bisher nicht bewusst waren. Wie in einem Computer-Spiel sehen wir, dass sie funktionieren und probieren sie schließlich in der Realität aus.
- Wir gehen in Gedanken eine Möglichkeit durch, die wir bisher noch nicht ausprobieren konnten. Jetzt scheint die Zeit gekommen zu sein, dies nachzuholen.
- Meist wird auch nach langem Vergleichen wieder auf die erste Idee zurückgegriffen. Die Intuition siegt also doch nach langem rationalen Hin und Her. Die erst-beste – d.h. nicht die erste, sondern die erst-beste! – Möglichkeit ist vermutlich auch die implizit am emotionalsten Geladene.
- Wir steuern auf eine sich selbsterfüllende Prophezeiung zu.
- Wir schauen uns andere Möglichkeiten gar nicht an, sondern sind mit der erst-besten zufrieden. So können wir uns im Nachhinein nicht über unsere Auswahl

---

35 Dies hängt mit den sieben Zeichen zusammen, die wir uns gerade so merken können. Chinesen können sich aufgrund Ihrer komplexeren Sprachen etwa neun merken.
36 Siehe Gigerenzer: Bauchentscheidungen.

ärgern. Gerd Gigerenzer stellte fest, dass es für kluge und glücklich machende Entscheidungen ausreicht, wenn wir uns einige wenige Entscheidungskriterien heraussuchen und die unwesentlichen vernachlässigen. Er nennt dies die Take-the-Best-Regel. Für einen Focusing-Prozess bedeutet dies, dass wir dadurch bleiben wir nicht auf den oberflächlichen Kriterien sitzen bleiben, sondern bei den wenigen, um die es wirklich geht in die Tiefe gehen. Dadurch reduzieren wir die Wahl auf die für uns wesentlichen Kriterien und erhöhen so die Wahrscheinlichkeit eines positiven Ergebnisses.

- Wir aktivieren unsere emotionale Bereitschaft. Der Valins-Effekt[37] besagt, dass eine Emotion nicht nur von innen her erlebt werden muss. Sie kann auch durch eine 'künstliche' Information von außen angeregt werden. Sie kann daraufhin im Körper zu einer echten Emotion werden. So wie auch Mimiken nachweislich nach innen wirken.[38]
- Mentale Energie wird in physische Energie umgesetzt. Damit einher geht ein Gewinn an Zuversicht und Motivation (Stichwort: Dopamin).
- Wir sehen Fehler voraus.
- Wir aktivieren unsere Emotionen, indem wir an unser Erfahrungsgedächtnis anknüpfen.

## Die Ziele einer mentalen Simulation

Die Ziele einer mentalen Simulation gehen auf das Phänomen der selffulfilling prophecy zurück. Wir stellen uns bereits vor einer Aktion auf einen Erfolg ein, was den realen Erfolg wesentlich begünstigt:

- Vergangene Ereignisse werden mit Visualisierungen erklärt.
- Zukünftige Ereignisse werden vorhergesagt.
- Negative Wege oder Folgen werden ausgeschlossen.
- Das Eintreten bestimmter Folgen wird vorhergesagt.

Verbunden mit unserem Wissen über die Fortsetzungsordnung lässt sich festhalten, dass mentale Simulationen Schritt für Schritt im Geiste bzw. Körper eine Situation vorwegnehmen, um deren Folgen in all ihren Facetten und unter Rückgriff auf unsere Erfahrungen zu durchleben. Abgesehen davon, dass so wie Gary Klein mentale Simulationen dem Prozess des Focusierens sehr ähnlich sind gibt es einen großen Unterschied: Die dort beschriebenen Entscheider verfügen i.d.R. über so viele Erfahrungen, dass sie sich selbst anleiten können und dies, um möglichst effektiv zu sein, wie in einem Netzplan, von hinten nach vorne. Das heißt, sie beginnen mit dem Ende, das sie erfolgreicherweise anstreben und simulieren dann den Weg zurück bis zum Anfang. Im Focusing passiert dies bisweilen implizit, indem der oder die zu Beratende die Frage oder das Thema des Prozesses auf eine Karte schreibt und dann den Körper mit Hilfe des Beraters einen Weg finden lässt und sich dann am Ende des Weges so manches mal wundert, dass er oder sie tatsächlich dort auch ankam. Denn: Über den ganzen Prozess hinweg hatte er oder sie die Frage bewusst aus den Augen verloren.

---

37 Siehe Ledoux: Das Netz der Gefühle.
38 Genannt body-feedback oder facial-feedback, siehe dazu Paul Ekman: Gefühle lesen.

# 6  Was unser Körper uns sagt

Damasio entdeckte in zahlreichen Untersuchungen Körpergefühle – im Focusing auch Körpersensationen genannt – die als sogenannte somatische Marker an Situationen dranhängen und uns dadurch wie ein Verkehrsschild anzeigen, was uns gut tut und was nicht oder ob wir auf dem richtigen Weg sind oder nicht. Sie sind ein erster Anhaltspunkt, in welche Richtung eine Entscheidung gehen sollte. Wenn wir uns daran halten, können wir in einfachen Situationen schnelle Entscheidungen fällen, ohne groß über Wenn und Aber nachzudenken. Wir reagieren somit direkt auf unseren Körper und setzen genau da an, wo es ziept. Leider besteht hier allerdings auch die Gefahr, in Erfahrungen gefangen zu bleiben. Wir wissen nicht, wann wir ein negatives Körpergefühl ignorieren sollten, um uns weiterzuentwickeln. Dennoch: Somatische Marker machen auf einer ganz schlichten neurobiologischen Ebene das, was landläufig der Intuition zugeschrieben wird: Sie zeigen uns, ob eine Situation passt oder nicht – ohne dass wir wissen warum!

## *Wie somatische Marker entstehen*

Bereits vor unserer Geburt arbeitet das emotionale Erfahrungsgedächtnis auf Hochtouren – Faktenwissen und insbesondere Sprache entwickeln sich erst später, ab etwa einem Jahr. Mittels eines Signalsystems lernt und entscheidet der Organismus in ähnlichen Situationen, aus Gefühlen und Veränderungen der Körperempfindungen, z.B. über die Leitfähigkeit der Haut. Neben Erfahrungen werden auch soziale Konventionen, Regeln und Bräuche vermittelt, wobei die Angst vor Verlust als doppelt so starker Lernmotivator wirkt als die Aussicht auf Gewinn. Auch hier zeigt sich wieder die Angst als dominanter als alles Andere. Dafür spricht auch die Tatsache, dass wir von allen Emotionen Ängste in Mimiken am sichersten und schnellsten erkennen. Die seltsame Angewohnheit vieler Zeitgenossen zur Schwarzmalerei   zielt in die gleiche Kerbe. Der Sinn dahinter ist offensichtlich der, dass wir uns dadurch mental bereits in einer unangenehmen Situation befinden und so einige mögliche Fehler vorwegnehmen können.[39] Als ob wir eine angstmachende Situation nur einmal erleben könnten: entweder in Gedanken oder real!

Somatische Marker bilden sich aus, indem primäre Emotionen wie Furcht oder Freude durch direkte oder indirekte Belohnung oder Bestrafung mit Situationen oder Themen verknüpft werden. Sie werden dann im Hintergrund aktiviert, wenn das Thema wieder aktuell ist. Die Folge: Wir müssen im Laufe unseres Lebens in vielen Situationen nicht mehr bewusst entscheiden, z.B. ob wir einem schnellen Fahrrad-Fahrer ausweichen sollen oder nicht, sondern tun es einfach. Damasio nennt dies Als-Ob-Mechanismen: Wir müssen eine Situation nicht mehr komplett zu Ende erleben, sondern haben bereits gelernt, wie sie wahrscheinlich ausgeht und werden entsprechend handeln – wieder der Hinweis auf den kleinen Schritt mit dem Blick in die Zukunft. Dazu gehört ein somatischer Marker, der uns in diesem Falle vor der Gefahr des Fahrrad-Fahrers warnt. In diesem Sinne ist das dazugehörige Gefühl des Schrecks nachvollziehbar und vollkommen logisch.

Somatische Marker können uns täuschen, wenn unsere Umwelt sich verändert, wir über zu wenig Erfahrungen verfügen oder wenn die Erfahrungsbasis negativ ist, d.h. wenn wir schlechte, maladaptive Erfahrungen gemacht haben. Diese in die Irre führenden somatischen Marker lassen sich entkräften, indem sie im felt sense aufgelöst werden und anschließend neue Verbindungen eingehen.

Somatische Marker sind weitestgehend individuell. Wenn ein Mensch bisher Erfolg im

---

39 Siehe dazu Daniel Gilbert: Ins Glück stolpern, S. 49

Leben hatte, werden seine somatischen Marker auch in der Gegenwart und Zukunft gut funktionieren, d.h. ihn in brenzligen Situationen vor Gefahren warnen.

Dabei spielt neben den gegebenen biologischen Komponenten (z.B. der Furcht vor schnellen Tieren) das komplette Umfeld eine Rolle, in dem ein Mensch aufwächst: die Erziehung, das Elternhaus, peer-groups und die Soziokultur.

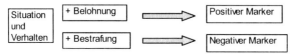

Neurobiologisch funktioniert diese Konditionierung so, dass Erlebnisse mit Emotionen "über spezielle synaptische Kontakte so eng miteinander verbunden sind ..."[40], dass sie auch anschließend immer gemeinsam auftreten. Sind sie erst einmal miteinander verknüpft, braucht nur eines der beiden aufzutauchen, um den anderen auch zu aktivieren.

Neben den bewussten Prozessen, finden auch energiesparende Automatisierungen statt, unbewusste Reaktionen, evtl. ein Relikt aus vergangenen Zeiten (Stichwort: Reptiliengehirn). Ein Bsp. aus der Tierwelt: Bienen verknüpfen Farben und pollenreiche Blüten und fliegen dann automatisch auf die ergiebigsten Blüten. Problematisch werden diese sehr nützlichen Prozesse dann, wenn wir aus gewohnten Verhaltensweisen ausbrechen wollen, weil sie uns in unserer Entwicklung behindern.

## *Somatische Marker als intuitive Zeichen unseres Körpers*

Tief in uns sind Erfahrungen abgespeichert, die uns nicht bewusst sind. Sie sind dann in unserem Erfahrungsgedächtnis abgespeichert, wenn sie für uns eine emotionale Bedeutung haben. Diese Erfahrungen samt somatischen und emotionalen Markern sind in unserem Körper gespeichert. Unser Körper weiß in einigen Situationen vorbewusst mehr als wir bewusst als Informationsgrundlage für eine Entscheidung zur Verfügung haben. Deshalb reagiert unser Körper erfreut oder missmutig auf einen Schritt, der außen gemacht wird, z.B. mit einer inneren Verkrampfung. Denn: Der Körper strebt danach, einen für seine Begriffe positiven Weg zu gehen. Dieser Weg muss nicht objektiv logisch oder gar für andere Menschen nachvollziehbar sein. Dennoch denkt unser Körper, dass dieser Schritt in dieser Situation das einzig richtige ist. Evtl. hat er seine Hausaufgaben nicht gemacht und Erfahrungen schlecht oder 'falsch' abgespeichert. Doch aktuell erkennt er nur diesen Weg als richtig an. Umso wichtiger, in Zukunft neue Wege zu gehen, sich seine inneren Motive, Bedürfnisse und Werte bewusst zu machen und Situationen korrekt abzuspeichern.

## *Das Prinzip der Homöodynamik*

Die Signale, die unser Körper aussendet, um den angesprochenen positiven Weg zu gehen, ereignen sich auf verschiedenen Ebenen. Jede einzelne Ebene ist dazu da, uns im Gleichgewicht zu halten bzw. ein verlorenes Gleichgewicht wieder herzustellen. Dies besagt das Prinzip der Homöodynamik[41], hier in einer von mir leicht abgewandelten und

---

40 Siehe Roth: Persönlichkeit, Entscheidung und Verhalten, S.146
41 Ausführlich beschrieben in Damasio: Der Spinoza-Effekt.

verkürzten Form[42]:

Verborgene Gefühle

Soziale, primäre Emotionen und Hintergrundemotionen, die auch geäußert werden, auch wenn sie uns meist nicht bewusst sind

Verwirklichung von Bedürfnissen und Motiven

Reaktionen auf Schmerz / Bestrafung und Lust / Belohnung

Immunreaktionen (z.B. Aktivierung von Anti-Körpern)
Grundreflexe (z.B. Schreckreaktionen)

Stoffwechselsteuerungsprozesse (z.B. Ausschüttung von Proteinen oder Enzymen)

Von unten nach oben nimmt die Komplexität der Reaktionen des Körpers auf die Umwelt zu – daher auch das Bild der immer komplexer werdenden Verästelungen des Baumes. Ziel ist immer der Ausgleich des Körperhaushalts im Sinne von Entspannung und Wohlbefinden, Verringerung der Erregung, Stressvermeidung, aber auch einer Erhöhung der Aktivität, wenn ein positives Ziel als greifbar erscheint. Letzten Endes geht es um die Selbsterhaltung und das reibungsfreie Funktionieren des Körpers. Sicherlich spricht Damasio nicht von einem Plan wie Gendlin. Bei Damasio klingt dies wesentlich defensiver und weniger optimistisch, was nicht verwundert, wenn wir an die humanistischen Wurzeln von Focusing denken. Doch die Nähe zu dem, was im Focusing der felt shift ist, wird offensichtlich. Auch dort wird ein Zustand angestrebt, der etwas in uns bewegt, i.d.R. nach einer Entspannung des Körpers. Hier bestehen klare Gemeinsamkeiten. Der Psychologe Daniel Gilbert nennt dieses Prinzip – ohne auf den Begriff der Homoödynamik einzugehen – das 'psychische Immunsystem'[43]. Anders formuliert, doch er meint dasselbe, wenn er beschreibt, dass unser physiologisches Immunsystem zur Abwehr von körperlichen Gefahren (Viren, Bakterien oder Herdplatten) und unser psychisches Immunsystem zur Abwehr von 'ungünstigen' Realitäten (Selbstüber- oder Selbstunterschätzungen) zuständig ist und deshalb ganz gerne mal zur Brille mit der leichten rosa Färbung greift.

Die unterste Ebene birgt für uns wenig Interessantes, weshalb wir gleich zur nächsten Stufe übergehen. Auf der zweiten Ebene wird schon deutlicher, wie eine Entscheidung zum Wohle des Körpers abläuft: Er schützt sich vor 'Schmerz' oder strebt nach 'Lust'. Entsprechend sind auch die Körperreaktionen synchron zur inneren Verarbeitung: Die Mimik drückt Angst aus oder ist freundlich offen, die Haltung ist entsprechend geschlossen, sich schützend oder eben offen.

Die nächste Ebene widmet sich der Erfüllung von unbewussten (körperlichen) Bedürfnissen und Motiven (bei Damasio auch Triebe genannt), die wir uns jedoch nach und nach bewusst machen können.

Auf vierter Ebene folgen die Emotionen – für Damasio die Anteile der Gefühle, die gezeigt werden, also tatsächlich nach außen dringen. Dahingegen bleiben die Gefühle selber

---

42 In Anlehnung an den 'Arterienbaum', einem Kupferstich von Denis Diderots.
43 Siehe Gilbert: Ins Glück stolpern, S. 267

verborgen. Hintergrundemotionen sind die emotionalen Anhängsel, das Beiwerk zu dem, was uns andere erzählen, die Gesten und Mimiken.

Sie zeigen uns in kleinen, meist unbewussten Körperregungen, ob ein Mensch wirklich begeistert ist von dem was er sagt oder nur so tut. Ich nenne diese Regungen Körper-Verhalten – zur Abgrenzung von den somatischen Markern. Sie sind das Futter für unsere Menschenkenntnis und soziale Intuition – das was andere von sich preis geben. Da sie meist unbewusst 'passieren', läuft im Hintergrund bei dem entsprechenden Menschen ein Programm ab, das ihn wie eine Marionette ganzheitlich steuert. Oft wird auch von einer 'Ladung' der Worte gesprochen. Körperhaltung, Mimik und Gesten laden das Gesagte emotional auf.

In aller Regel funktioniert dieses System so energiesparend an unserem Bewusstsein vorbei, wie es evolutionär gedacht ist. Servan-Schreiber vergleicht diese Homöodynamik mit der Selbstregulierung eines Flusses. Wir können uns, ebenso wie ein Fluss immer wieder selbst 'heilen', sofern sich die Zuleitung von Müll und Abwasser in Grenzen hält. Diese Art eines Systems der Weiterentwicklung und Selbstheilung des Menschen hat eine lange Tradition in der Psychologie und geht bis auf Abraham Maslow, C.G. Jung und natürlich Carl Rogers zurück.[44] Sinn einer Therapie ebenso wie heilsamer menschlicher Beziehungen ist es, diesen Selbstheilungsprozess zu fördern bzw. anzustossen.[45] Ersetzt wird er nicht. Aber Therapeuten-Menschen können helfen, die richtigen Wege aufzuzeigen und Klienten-Menschen überhaupt auf ihre Selbstheilungskräfte hinzuweisen – wie in dem zugegeben drastischen Beispiel einer sogenannten impact-Methode: Eine Klientin mit Missbrauchserfahrungen betont immer wieder, dass sie nichts wert ist, worauf der Therapeut einen Geld aus der Tasche zieht und sie fragt, wieviel dieser Geldschein wert ist. Darauf meint Sie, er wäre 20 € wert. Nun nimmt der Therapeut diesen Geldschein, trampelt mit den Füßen auf ihm herum, beschimpft und zerknüllt ihn und fragt die Klientin anschließend wieder: "Was ist dieser Geldschein wert, wenn Sie jetzt damit einkaufen gehen?"[46]

Doch ab und an liefern uns somatische Marker Signale als Zeichen eines Umlenkens. Dann sollten wir uns auch bewusst damit beschäftigen, um langfristig 'Schäden' zu vermeiden. Dadurch geschieht das, was Rogers als integriertes und konsistentes Gesamtbild eines Menschen von sich selbst sieht. Dadurch ist der Mensch mehr mit sich selbst im Reinen und bekommt ebenso ein besseres Verständnis für seine Mit-Welt.[47]

Laut Gerald Hüther (in: Embodiment) gibt es zwei wesentliche Aussagen der somatischen Marker: entweder sie zeigen eine Stabilisierung oder eine Störung unseres Systems an.

Stabilisierung bedeutet:

- die Kontrolle zu haben, vermutlich aufgrund guter Fähigkeiten,
- sich weiterentwickeln zu können, zu wachsen und Herausforderungen als Chance zu sehen,
- erfüllte Erwartungen und Emotionen zu empfinden,
- sich anderen Menschen zugehörig zu fühlen oder
- einen persönlichen Erfolg mit Freude wahrzunehmen.

---

44 Siehe Rogers: Die klientenzentrierte Gesprächspsychotherapie, S.422ff
45 Siehe Servan-Schreiber: Die Neue Medizin der Emotionen, S. 259ff
46 Siehe Beaulieu: Impact-Techniken für die Psychotherapien.
47 Siehe Anges Wild: Die Persönlichkeitstheorie Rogers ..., S. 62, in: Gesellschaft für Wissenschaftliche Gesprächspsychotherapie: Die Klientenzentrierte Gesprächspsychotherapie, Kindler 1975

Die Störung des persönlichen Systems hingegen bedeutet:

- keine Kontrolle zu empfinden,
- gestresst, überfordert oder unterfordert zu sein,
- enttäuschte Erwartungen und Emotionen zu empfinden,
- sich isoliert und einsam zu fühlen,
- seine Möglichkeiten eingeschränkt zu sehen,
- psychisch, seelisch oder körperlich verletzt zu werden oder
- einfach ängstlich und verunsichert zu sein aufgrund von Überforderungen.

## *Der Mensch als soziales Tier*

Ziel der Homöodynamik ist es, das persönliche und/oder soziale System wieder herzustellen oder aufrecht zu erhalten. Diese Dualität zwischen Spannungsreduktion und Weiterentwicklung findet sich bereits in der Klientenzentrierten Persönlichkeitstheorie von Carl Rogers. Joachim Bauer greift den Aspekt der Passung an soziale Systeme im Rahmen des Phänomens der Spiegelneuronen auf. Spiegelneuronen veranlassen uns, das in uns intuitiv und empathisch zu spüren, was wir in anderen sehen oder von anderen mitbekommen. Dies funktioniert so hervorragend, weil die Beobachtung anderer Menschen, je näher desto besser, in uns ein Handlungsprogramm anstößt, das so oder so ähnlich ebenso in den beobachteten Menschen abläuft. Wir weinen oder lachen deshalb spontan los, wenn ein nahe stehender Mensch ebenso weint oder lacht. Seine Hypothese im Zusammenhang mit der Weiterentwicklung einer Person lautet: Zwar gewinnt in einem Kampf zumeist der Stärkere, doch vielleicht zeigt uns diese Szene nur einen kleinen Ausschnitt vom gesamten Phänomen der Evolution. Überleben hängt schließlich auch davon ab, inwieweit der Mensch sich in einer sozialen Gemeinschaft – lange vor dem Kampf – entwickeln konnte; inwieweit er gepflegt wurde; und inwieweit er von anderen mit Hilfe der Spiegelneuronen am Modell lernen konnte. Dass eine solche positive Entwicklung von der Gemeinschaft verhindert werden kann, wird am Beispiel des sogenannten Voodoo-Todes, des Ausstoßes aus der Gemeinschaft aufgrund eines Tabubruches deutlich. Hier bricht jeglicher Kontakt von Seiten der Gemeinschaft zu diesem Menschen ab. Jegliche Gespräche und körperlich-emotionale Rückmeldungen werden vermieden. Der Stress, der dadurch ausgelöst wird, kann innerhalb weniger Wochen zum tatsächlichen Tod führen. Das Leben erscheint als nicht mehr lebenswert. Das Handlungsprogramm, das der Voodoo-Priester angestoßen hat, wird in der Person mittels 'implizitem' Suizid vollzogen.

Das von Richard Dawkins[48] festgestellte Leben-Fressen-Prinzip geht in eine ähnliche Richtung: der Hase wird sich als Beute evolutionär immer ein wenig weiter entwickeln als der Fuchs. Andernfalls würde er eines Tages aussterben. Fazit: in der Not tendieren wir eher zu Überleben anstatt uns mit aller Macht durchzusetzen. Dennoch sollten wir gerade Massenresonanzphänomenen mit einem starken Ego widerstehen. Als Beispiele sollten der Nationalsozialismus oder auch der neueste Modeschrei genügen.

Wenn wir auf die Welt kommen, besteht zuerst das was Vittorio Gallese[49] als S-Identity (soziale Identität) bezeichnet:"Ich bin ein Teil der Anderen". Erst mit etwa einem Jahr kommt die I-Identity (Ich-Identität) hinzu:"Ich bin anders als die anderen". Auch hieraus wird deutlich, wie wichtig die Identität innerhalb der Gemeinschaft ist. Genau das ist häufig ein Teil von Focusing-Prozessen, wenn wir an die Phänomene der 'Inneren Kinder' und

---

48 Siehe Joseph Ledoux: Das Netz der Gefühle.
49 Siehe Zeit Leben Nr. 21, 2008

'Inneren Kritiker' denken.

Vormals machte es Sinn, einen Kritiker zu haben, der uns bzw. ein inneres Kind davor bewahrte, 'Prügel zu beziehen', indem er bereits vor der Kritik von außen innere Kritik übte. So wurde die S-Identity in die I-Identity übernommen. Die externen Anderen wurden zu internen Anderen oder inneren Anteilen. Doch da diese Anteile oftmals in späteren Jahren sich verselbständigen bzw. oft nicht mehr auf der Höhe der Zeit sind, benötigen sie eine Neueinstellung.

# 7 Wo kommen all die Emotionen her?

Über unser ganzes Leben hinweg sammeln wir Erfahrungen, Informationen und Fachwissen und lernen, welche Wege in welcher Situation die richtigen für uns, in unserer Situation, innerhalb unserem System sind. Zusammen mit diesem Wissen speichern wir Emotionen ab. Emotionale Marker hängen ebenso an Themen und Situationen dran wie somatische Marker. Streng genommen übernehmen sie genau dieselbe Funktion, nur auf einer anderen Ebene: Sie sind mit demselben Thema verknüpft, nur mittels einer Emotion anstatt eines Körpergefühls. Diese Verknüpfungen mit Situationen wandern in unser emotionales Situations-Erfahrungsgedächtnis und werden immer dann aktiv, wenn eine neue Situation Ähnlichkeit zu einer abgespeicherten hat – oder ganz im Gegenteil vor einem bekannten Hintergrund etwas gänzlich Unbekanntes zeigt.

Der große Vorteil emotionaler Marker ist die Differenziertheit. Wir können zwar einen positiven von einem negativen somatischen Marker unterscheiden. Was dieser Marker jedoch genau bedeutet, bleibt oftmals schleierhaft. Hier leisten uns Emotionen und Gefühle wesentlich detailliertere Dienste. Zudem können wir die Herkunft und die Aussage einer Emotion bzw. des Körperausdrucks zur Emotion ergründen, was uns wiederum einige Informationen für weitere Entscheidungen liefert. Dazu Damasio[50]: Emotionen sind handlungsleitende Signale, die unser Verhalten steuern. Sie müssen uns jedoch nicht immer bewusst sein. Dies wird deutlich, wenn wir uns die Trennung von Hippocampus und Amygdala ins Gedächtnis rufen: Wir können sehr wohl eine Emotion empfinden und auch danach handeln. Oftmals wissen wir jedoch nicht, warum dies so ist. Dadurch kann es passieren, dass sich eine emotionale Entscheidung an unserem Bewusstsein 'vorbeischummelt'.

## *Entstehung und Sinn von Emotionen und Gefühlen*

Ziel dieses Kapitels ist es, herauszufinden, inwieweit Emotionen bei Entscheidungsprozessen eine Rolle spielen und inwieweit Berater-Menschen dieses meist implizite Wissen der Klienten-Menschen nutzen können. Dazu gibt es fünf wesentliche Punkte:

1. Wir vergegenwärtigen uns die Tatsache, dass mit jeder Situation, in der wir eine Entscheidung treffen müssen oder möchten eine Emotion verknüpft ist.[51]
2. Wir sehen uns soziale Auslöser von Emotionen an, um zu verstehen, warum sie entstehen.
3. Wir sehen uns die Funktionsweise von Emotionen an. Wie wir noch sehen werden gibt es Emotionen, die eher vor einer Entscheidung auftauchen, um uns ein Zeichen für oder gegen Entscheidungen zu geben. Andere tauchen eher während einer Situation auf, um uns im besten Falle wie in einem Flow positiv zu stimulieren. Und wieder andere tauchen eher nach einer Situation auf. Die Beschäftigung mit diesen Emotionen ist sinnvoll, um eine Situation angemessen zu würdigen, abzuschließen und abzuspeichern.
4. Da Emotionen auf einer tieferen Ebene stattfinden und von daher schwerer bewusst zu machen sind, macht es Sinn, auf die somatischen Marker zu achten und diese in

---

50 Siehe Damasio: Ich fühle also bin ich
51 Nebenbei erwähnt benötigen einfache Organismen wie eine Zecke keine Emotionen zur Entscheidungs-findung, sondern – wie Manfred Spitzer in seinem Buch "Nervensachen" erwähnt – nur die Wahrnehmung für Wärme und Buttersäure. Beides zusammen deutet auf einen Warmblüter hin und ist somit die ideale Versorgungsquelle.

Verbindung zu den dahinterliegenden Emotionen zu setzen. Ergo sehen wir uns die Zusammenhänge von somatischen Markern und Emotionen bzw. Gefühlen an.

5. Wenn wir die Emotion zu der Situation ergründet haben, können wir über deren Aussage für den persönlichen oder gesellschaftlichen Kontext des Klienten-Menschen nachdenken. Das heißt konkret: Wir untersuchen die Absichten und Ziele einer Emotion bzw. eines Emotionsausdrucks, um diesen deuten und in den therapeutischen Kontext einordnen zu können.

Zur Entstehung von Gefühlen sagt Damasio (ebd.): Unsere Kultur und unsere Prägungen bestimmen vermutlich auf drei verschiedenen Ebenen (mit), wie wir mit Emotionen umgehen:

1. Wie sieht der angemessene Auslöser für eine Emotion in uns aus?
2. Was an Emotionsausdruck ist erlaubt bzw. erlauben wir uns?
3. Wie reagieren wir selbst und wie bewerten wir es, wenn wir wir eine Emotion an uns erkennen?

Laut dem Psychologen Klaus Scherer[52] wird die Intensität und Relevanz von Emotionen durch ihre subjektive Bedeutung bestimmt. Scherer zufolge gibt es fünf Schritte der Bewertung, die unbewusst oder bewusst durchgegangen werden:

1. Ist das Ereignis neu? Wurde es erwartet? Oder ist es ein untypisches Ereignis?
2. Ist es angenehm oder unangenehm?
3. Spielt es eine Rolle bei den geplanten Zielen, Interessen oder Motiven? Wird es Hindernis für die Zielerreichung betrachtet? Ist es ungerecht oder unfair? Wer ist verantwortlich für das Ereignis?
4. Ist es – wenn es ein Problem gibt – bewältigbar? Erst dann gibt es laut Gerhard Roth einen Willensruck und damit einhergehend einen Dopamin-Schub im Körper.
5. Ist es mit sozialen Normen und kann mit dem eigenen Konzept von sich vereinbart werden?

Ein Zwischenfazit für Focusing-Begleitungen: Alle Gefühle sind per se ersteinmal erlaubt. Es ist gut und bereichernd, dass sie da sind. Wichtig sind vielmehr die Fragen:

- Handelt es sich um eine bekannte Emotion?
- Woher kommt die Emotion? Aufgrund welcher Situation ist sie entstanden und zeichnen sich hierbei typische Situations-Muster ab?
- Was möchte die Emotion aussagen? Gibt es evtl. sogar eine direkte Aussage an den oder die Berater/in oder eine erwähnte andere Person?
- Inwieweit verändert sich das emotionale Erleben während des Prozesses im Sinne eines felt shift?
- Inwieweit gibt es Vorbehalte, eine Emotion überhaupt empfinden zu dürfen?
- Welche Ressourcen sind vorhanden, um eine negative Emotion bewältigbar zu gestalten (dies gilt im übrigen natürlich ebenso für negative Bilder oder Gedanken!)?
- Und inwieweit hängen Emotionen mit Motiven, Bedürfnissen und Werten zusammen?

---

52 Siehe Wassmann: Die Macht der Emotionen.

## Primäre Emotionen

"Emotionen sind das Ergebnis eines Bewertungsvorgangs, der innere und äußere Reizergebnisse unter dem Aspekt ihrer motivationalen Bedeutung für den handelnden Organismus prüft"[53].

Emotionen haben immer den Sinn, in unserem Körper ein Gleichgewicht (wieder-) herzustellen. Wenn Prozesse automatisch ablaufen, geht scheinbar alles in Ordnung in unserem Leben. Doch wenn wir deutliche negative Emotionen spüren, wirkt dies wie ein Paukenschlag:"So kann es nicht weitergehen!", "Irgendetwas stimmt hier nicht!". Gerade negative Gefühle erinnern an die alte Wanderweg-Beschreibungs-Regel: Solange niemand etwas sagt, gehe immer geradeaus. Negative Gefühle sind die Wegweiser, die uns sagen:"Hinter der Kirche den Weg rechts rein nehmen".

Gefühle helfen uns,

- sich angemessen – so wie wir es gelernt haben – zu ernähren und keine schimmligen Brötchen zu essen,
- unseren Körper in stressigen Situationen zu aktivieren, um genügend Kraft zu haben und anderen zu zeigen, dass sie uns lieber aus dem Weg gehen sollten,
- anderen zu zeigen, wie schlecht es uns geht und dass sie uns doch bitteschön ein wenig trösten oder in Ruhe lassen sollen[54],
- sich über unsere Erfolge zu freuen und so auch mit anderen diese Freude zu teilen und
- uns vor gefährlichen Situationen zu warnen, den Rückzug mit den Trompeten von Jericho[55] einzuläuten – evtl. auch die Flucht nach vorne anzutreten.
- uns zu fokussieren oder erweitern unsere Aufmerksamkeit und verändern unsere Denkweise.

In früheren Zeiten waren diese Funktionen insbesondere der primären Emotionen Wut, Zorn, Angst, Furcht oder Ekel eindeutig lebenserhaltend: Vor fleischfressenden Dinosauriern sollten wir wirklich Angst haben. Altes Fleisch sollten wir wirklich nicht essen. Mit anderen lachen und weinen sowie die Wut auf andere waren sicherlich die gruppenbildenden oder abgrenzenden Emotionen schlechthin.

In unseren heutigen komplexen Zeiten reichen diese Emotionen natürlich nicht mehr aus, was zu Verbindungen der primären Emotionen zu einem sozialen Kontext führte.

Ich möchte betonen, dass es hier in den meisten Fällen nicht einfach um Angst, Wut, Trauer oder Freude geht. Dies wäre zu einfach. Zu einfach zu erkennen und zu einfach zu zeigen. Es geht vielmehr um ein bisschen Trauer, ein bisschen Wut und ein bisschen Angst.[56] Dies zu erkennen ist oft nur möglich, wenn wir tief in uns hineinhorchen.

---

53 Siehe Schneider und Schmalt: Motivation, S. 80

54 2007 gab es den medial groß aufgemachten Fall der kleinen Maddie McCann – einer Kindesentführung in Portugal. Den Eltern schwappte zu Beginn des Falles, der in den Medien Furore machte einiges an Mitleid entgegen – mit Zunahme der hoffnungslosen Dauer des Falles allerdings vermehrt Skepsis und Missmut: "Die sollten endlich mal Ruhe geben und vielleicht haben Sie ja sogar selber etwas mit der Entführung zu tun und spielen nur die Geprellten". Dies lag hauptsächlich an der vermeintlichen Vermarktung bzw. Instrumentalisierung der Trauer der Eltern.

55 ... sogenannte Schallwaffen bzw. Sirenen während des zweiten Weltkriegs zur Einschüchterung an Kampfflugzeugen befestigt.

56 Damasio nennt diese abgeschwächten Emotionen Hintergrundemotionen, da sie oft unbewusst im Hintergrund vorhanden sind. Ich denke jedoch, dass es sinnvoller ist, keine extra Kategorie für diese Emotionen aufzumachen, sondern lieber in Abstufungen zu denken, wie es weiter unten im Text noch erwähnt wird.

Nach Ortony et al. sind Emotionen immer intentional, d.h.:

- Sie haben ein Ziel bzw. eine Absicht.
- Sie entstehen aufgrund von Erwartungen bzw. haben einen Ursprung.
- Und sie basieren auf persönlichen Erfahrungen und Einstellungen, wie wir bereits gesehen haben.

Diese bewusste Komponente von Emotionen muss jedoch um eine unbewusste bzw. vorbewusste ergänzt werden: Eine Situation kann auf uns bereits vor einer Bewertung bedrohlich wirken.

Dass Gefühle oft einen schlechten Ruf haben liegt weniger an den Gefühlen selber, sondern vielmehr an der Vermischung von Gefühlen und Stimmungen. Emotionen und Gefühle haben sehr wohl immer (!) einen guten Grund. Sie tauchen in uns als Reaktion auf eine Situation auf. So werden wir ängstlich, weil wir bereits in einer ähnlichen Situation versagt haben – oder wir werden hoffnungsfroh, weil wir eine Situation wiedererkennen, in der wir einmal einen schönen Erfolg feiern konnten. Dahingegen sind Stimmungen 'verschleppte' Emotionen, die nicht immer einen sinnvollen Hintergrund haben, sondern auch aufgrund biochemischer Abläufe im Körper entstehen. Auf seine Emotionen zu achten und in die Entscheidungsfindung einzubinden macht Sinn – verbunden mit der Focusing-Frage:"Was empfinde ich genau jetzt, genau in dieser Situation?" Aufgrund von Stimmungen zu entscheiden macht hingegen weniger Sinn, was noch deutlicher wird, wenn wir uns unsere eigenen letzten 'stimmungsvollen' Situationen in Erinnerung rufen: "Ich weiß nicht genau warum, aber ...

- ich war einfach den ganzen Tag über schlecht gelaunt."
- irgendetwas ließ mich den halben Tag deprimiert herumlaufen."
- Irgendetwas versetzte mich in eine Tiefstimmung, vielleicht das Wetter?"
- der braucht mich heute nur schief anzusehen und schon gehe ich in die Luft!"

Der letzte Satz macht deutlich, wie eng verknüpft Stimmungen und Emotionen sind: Eine frustrierte Stimmung macht uns empfänglicher für Wut – während eine Hochstimmung uns wesentlich stärker positive Aspekte wahrnehmen lässt. Vorsicht also vor Stimmungen. Dahingegen ein Lob auf das 'guiding' durch unsere Emotionen!

## *Furcht, Angst, Sorgen, Befürchtungen und Stress*

Die Angst spielt als Gegenspieler der Freude, Hoffnung und Neugier die Hauptrolle, wenn es um intuitive Entscheidungen geht, denn in aller Regel hat "ich habe da so ein komisches Gefühl" etwas mit Sorgen oder Bedenken zu tun, während "ich weiß nicht warum, aber irgendwie wirds schon klappen" auf Freude hinweist. Andere negative Gefühle wie Wut oder Trauer werden auch intuitiv erfasst, tauchen jedoch im Alltag wesentlich seltener auf.

Dabei taucht die Angst aufgrund ihrer biologischen Lebenserhaltungs-Funktion meist sehr schnell auf. Unser Mandelkern übernimmt, sobald sich eine brenzlige Lage ergibt, sofort das Kommando. Auch wenn dieses Kommando oft sinnvoll ist, z.B. bei blitzschnellen Entscheidungen im Straßenverkehr, so hindert diese intuitive Ersteingebung uns doch oft daran, weiter über eine Situation nachzudenken. Zu groß ist oftmals die damit verbundene Hemmung. Unterstützend wirkt hier noch, dass Rückmeldungen über die Einschätzung einer Situation aus dem Hippocampus ebenso – durch Stresseinflüsse[57] – falsche

---

57 Siehe Kapitel 10.

Rückschlüsse ziehen lassen. Dem entgegen wirken können allerdings Werteeinstellungen im Gyrus cinguli, sozusagen als Puffer gegen Angst und Stress.

Zugute kommt uns hier ferner, dass der Mandelkern sich täuschen lässt: Er kann nicht zwischen Realität und 'Spiel' unterscheiden. So können wir in Rollenspielen, Therapien oder Coachings den Mandelkern zwar nicht neu programmieren. Doch wir können lernen, uns an die mit einer jeweiligen Situation verbundenen Befürchtungen zu gewöhnen.[58] Um uns zu trauen, einen weiteren Schritt in Angriff zu nehmen. Um uns zu trauen, einen Blick auf unsere Nachspür- und Planungsintuition zu wagen.

Angst kommt begrifflich von Enge. Der indogermanische Begriff 'angh' steht für 'einengen, einschnüren'. Assoziiert mit Angst sind weiterhin die Begriffe Panik, Furcht, Grauen, Beklemmung, Unsicherheit, Ungewissheit, Unbehagen, Aufregung, Bestürzung, Schrecken, Entsetzen oder in kleineren Dosen Sorgen, Befürchtungen oder Zweifel. Auch der Begriff des Stresses ist hier nicht weit, wenn Ängste zu einem Dauerzustand werden. Das körperliche Ausagieren der Angst – z.B. über Flucht oder 'Unterwerfungsgesten' – dient dazu, den Stress zu reduzieren oder Anderen unser Befinden mitzuteilen.

Angst ist vermutlich die erste Emotion, die wir empfinden. Bereits ein acht Wochen alter Fötus flieht im Mutterleib, wenn ein fremdes Instrument in den Uterus eindringt.[59]

Aus Untersuchungen an Hochängstlichen und Niedrigängstlichen lassen sich zwei wichtige Fakten ableiten:

1. Eine leichte Angst erhöht v.a. kurzfristig die Leistungsfähigkeit, insbesondere wenn der Focus der Tätigkeit auf der Aufgabe und nicht auf der eigenen Person liegt. Bei normal ängstlichen Personen mit einem gesunden Selbstwertgefühl spielt dies keine so große Rolle. Dennoch ist zu empfehlen, den Fokus gerade in sehr angstbesetzen und somit stressigen Situationen oder Prozessen bewusst auf die Situation und Aufgabe zu lenken, um Klienten-Menschen wieder den Boden unter den Füßen spüren zu lassen: So wird aus "Du hast Angst" ein "Die Situation macht Angst".

2. Dass eine leichte Angst eine höhere Leistung erzeugt verwundert deshalb nicht, da leichte Bedenken unseren Körper wacher machen und Informationen so besser aufgenommen werden. Leichte Befürchtungen lassen uns dadurch das Bedrohliche in Situationen besser erkennen. Eine starke Angst hingegen sediert uns. Dann verschwindet alles im Nebel.

   Auch hier zeigt sich: Eine leichte Angst können und sollen wir als Berater für den Prozess nutzen. Wenn die Befürchtungen überhand nehmen, ist ein Gegensteuern angesagt.

Unter der Voraussetzung, ein wenig Angst als Motivator zu spüren (dies ist bei anderen negativen Emotionen ähnlich), hilft uns die Angst folglich ...

- fokussierter an eine Aufgabe heranzugehen und stärker Detailfragen zu betrachten,
- sich klarere Teilziele zu setzen
- und genauer auf Fehler zu achten.

Mit mehr Erfolgserfahrung wird aus einem stetig ansteigenden Angstlevel, je näher eine Situation kommt, ein umgedrehtes U. Das heißt: die Angst steigt bei Profis zuerst stärker an, wodurch eine Aktivierung im oberen Sinne stattfindet. Anschließend sinkt sie jedoch

---

58 Siehe Dambmann: Erfolgsfaktor Gehirn, S. 188
59 Siehe Zimmer: Gefühle, unser erster Verstand.

rapide ab, um in der konkreten Situation den Kopf frei zu haben. Vor diesem Hintergrund spielt Lampenfieber eine extrem wichtige Rolle: Habe ich auch ja nichts vergessen? Bin ich gut vorbereitet? Sollte ich die Situation oder Szene lieber noch einmal im Geiste durchgehen? Fünf Minuten auf der Bühne und die Nervosität ist wie weggeblasen. Dies funktioniert insbesondere bei sogenannten Vermeidungs-Aufsuchen-Konflikten, Situationen, die wir gleichzeitig als reizvoll aber auch als anstrengend oder gefährlich empfinden. Je mehr ein Klienten-Mensch also in mentalen Simulationen bzw. Focusing-Prozessen sich seinen Ängsten stellt, desto eher wird er auch im realen Leben seine Ängste überwinden.

Isaac Marks unterscheidet zwischen vier Reaktionsklassen auf Furcht[60]: Rückzug, Defensive Aggression und Unterwerfung. Dass Aggressionen ebenso eine Folge von Furcht sein können, verwundert wenig, da unser Körper in heiklen Situationen grundsätzlich aktiviert wird und erst in der Bewertung der Situation, abhängig von den persönlichen Einstellungen zu Wut oder Angst tendiert. Ein ängstlicher Mensch tendiert eher dazu, einen drohenden Misserfolg ...

- auf seine mangelnden Fähigkeiten zu beziehen,
- die grundsätzlich als negativ bewertet werden,
- insbesondere in dieser Situation.
- Er fühlt sich den Umständen unkontrolliert ausgesetzt.

Wobei laut Ekman drei Parameter die Angst bestimmen:

1. Intensität – wie schwer ist der drohende Schaden?
2. Interventionsmöglichkeiten
3. Zeitpunkt – droht die Gefahr sofort oder erst später?

Angst wird eher von Menschen empfunden, die sich in einer Situation als inkompetent empfinden. Übersetzt heißt dies: Bei ängstlichen Menschen (situativ oder dauerhaft) tendiert die Intuition dazu,

- am liebsten zu fliehen bzw. die Situation zu verlassen oder sich innerhalb der Situation 'wegzuducken',
- sich zu verteidigen,
- zurückzuschlagen (wenn Wut dazu kommt),
- Hilfe bei anderen zu suchen,
- kindisch zu werden, z.B. auf anderen 'herumzuhacken', d.h. den Druck weiterzugeben,
- nach einem sicheren Hafen zu suchen, z.B. indem sie sich der Situation oder dem 'Bedroher' unterordnen oder
- in seltenen Fällen die Flucht nach vorne anzutreten, indem mangelnde Fähigkeiten weiterentwickelt werden.

Es stellen sich also wiederum einige Frage für Therapeuten-Menschen:

- Inwieweit kann ein Klienten-Mensch selbst lernen, wieder die Kontrolle zu übernehmen?
- Wie schafft es der zu beratende Mensch, die Intensität einer Emotion, aber auch

---

60 Siehe Ledoux: Das Netz der Gefühle.

die eigenen Ressourcen einer Intervention angemessen einzuschätzen?

- Welche Reaktionen gelten für die beratete Person als angemessen, so dass sie sich damit wohl fühlt?
- Und wie kann eine negative Emotion von Klienten-Menschen entsprechend gewertschätzt werden?

## Zur Unterscheidung zwischen Furcht und Angst

Furcht gilt als defensive Reaktion auf eine konkrete Gefahr. Demnach fällt die Reaktion auf Furcht sehr zielgerichtet aus, z.B. mittels gezielter Flucht (in die richtige Richtung). Angst ist – ähnlich wie Wut – diffuser. Sie weiß nicht, warum sie vorhanden ist. Schließlich ist sie nach klassischer Definition eine Reaktion auf einen Zustand, der eintreffen könnte.[61] Entsprechend sind die Reaktionen eher orientierungslos und unsicher. Verdeutlicht in einem Bild: Die diffuse Angst macht uns zu einem wild durcheinandergackernden Hühnerhaufen – die Furcht hingegen macht uns zu einem Ameisenhaufen, dessen Insassen bei Bedrohung (und nach einer kurzen Erholungs- und Bewertungs-Phase) genau in eine Richtung tendieren – in den Innenbau, der noch unbeschädigt ist, um die Königin zu schützen.

## Aggressionen, Wut, Zorn und Konflikte

In der einschlägigen Literatur wird meist zwischen Wut als einem ungerichteten, blinden Ausbruch von Aggressionen, man denke nur an den Ausdruck der 'blinden Wut' und Zorn als einem gerichteten Ausdruck einer Aggression unterschieden[62]. Wut ist eine Emotion, die ihren Ursprung aus einer empfundenen Ungerechtigkeit speist und kann sich demnach auch gegen ein schlechtes Würfelglück im Spiel richten. Wut beschränkt – wie alle negativen Emotionen – unseren Entscheidungshorizont. Sie ist zentriert auf das Gefühl des Kontrollverlustes. Wir machen den Laden dicht und verengen unsere Augen, um uns das nochmal genauer anzusehen, was uns so zur Weißglut gebracht hat – aber ja nichts anderes, das dem widersprechen könnte. Ein wütender Mensch kann demnach ein beinahe kindliches Gefühl der eigenen Unzulänglichkeit und Ungerechtigkeit der Welt empfinden. Ein Kind sagt in seiner animistischen Phase:"Der Stuhl hat mich gestoßen". Ein wütender Erwachsener sagt: "Die Würfel habens heute auf mich abgesehen". Schließlich ist da eine Wut, die ich nicht auf eine andere handelnde Person beziehen kann – und auch nicht auf mein ungeschicktes Würfeln.

Dieser Wut bleibt entsprechend nicht viel übrig als ein diffuses Gefühl zu bleiben.

Sowohl die diffuse Angst als auch die diffuse Wut benötigen demnach eine Bindung an eine Situation oder an einen Gegenstand oder einen Bezug zu einer Person, um sie auszurichten. Erst dann kann der zu beratende Mensch damit arbeiten – erst dann wird die Wut oder die Angst greifbar.

Im Mittelalter und in der Antike galt Wut als pathologisch, während Zorn Willensstärke und Durchsetzungsvermögen charakterisierte – lokalisiert in der Brust. Zorn wird in diesem Zusammenhang mit einem gerechten, strafenden Gott gesehen. Zorn ist nach außen gerichtet. Er drängt danach, ausagiert zu werden. Und auch im Alltagsverständnis haben wir das Gefühl, dass der Begriff des Zorns gefährlicher und bedrohlicher wirkt. Ein wütender Mensch ist vielleicht unberechenbar, aber ob er wirklich die Macht und den

---

61 Siehe Ledoux: Das Netz der Persönlichkeit, S. 381
62 Oftmals wird allerdings der Begriff Wut – v.a. in unserem Alltagsverständnis – für beides verwendet.

Willen zu handeln hat, bleibt offen. Ein zorniger Mensch wird handeln, wenn er die Macht hat, geradlinig und direkt. Dadurch verengt der zornige Mensch nicht seinen Entscheidungsspielraum – nein, er erweitert ihn durch das Ausagieren seines Zorns. Er weist andere in ihre Schranken und zeigt deutlich, was er von einer Situation oder den beteiligten Menschen hält. Es bleibt sicherlich auch beim Zorn ein Rest von einengendem Nebel, der unsere Sicht auf eine Entscheidung trübt. Dazu ist auch der Zorn zu fokussiert. Er besteht schließlich aus ähnlichen Ursachen, allerdings weniger aus Kontrollverlust wie bei der Wut, sondern mehr aus einer Kollision von Werten und Zielen oder dem Ärger über die Fehler anderer. Der Nebel besteht im Zorn folglich eher darin, nicht alles wahrnehmen zu können oder wollen, um eine Situation adäquat zu beurteilen – nicht jedoch im klaren Weg zu einem Ziel. Der Zornige weiß, was er will.

Entsprechend unterschiedlich ist der körperliche Ausdruck eines wütenden und eines zornigen Menschen[63]. Ein wütender Mensch ist fahriger. Er scheint nicht in die Situation zu passen oder kann sich nicht anpassen. Er steht unter Dampf, was sich im ganzen Körper abzeichnet, z.B. durch einen hochroten Kopf, nicht zuletzt aufgrund der Tatsache, nervös und unsicher zu sein, wie eine Situation ausgehen wird. Wut hat demnach mit persönlicher Schwäche zu tun. Im wütenden Menschen tobt ein Kampf zwischen seinem Anspruch nach Macht, Können und Selbstverwirklichung auf der einen und der mangelhaften Umsetzung auf der anderen Seite. So kann es sein, dass der Wütende sich und seine Möglichkeiten oder Fähigkeiten vollkommen falsch einschätzt. Dadurch entsteht ein Ungleichgewicht zwischen ihm und seiner Umwelt. Die natürliche Tendenz der Anderen, ihre Sichtweise zu einer Entscheidung beizutragen, sieht er nicht. Er sieht nur noch sich und die Ungerechtigkeiten gegen ihn. Dadurch wird in aller Regel auch die Kommunikation ziellos und unproduktiv.

Ein zorniger Mensch hingegen ist klarer, würdevoller, eher ruhig. Er weiß, dass er die Macht zur Kontrolle der Situation hat, wenn auch einiges im System daneben zu laufen scheint. Entsprechend steht er auch sicherer auf beiden Beinen. Er verfolgt mit klaren Schritten seine Ziele und setzt sie gegebenenfalls aggressiv durch. Dadurch wird er für andere besser einschätzbar und berechenbar, was den Kommunikationspartnern des Zornigen die Möglichkeit bietet, ebenfalls ihre Bedenken klar zu Tage zu fördern – sofern sie keine Angst vor ihm haben.

Verdeutlicht in einem Bild: Ein wütender Mensch schlägt wild um sich, ohne Rücksicht auf Verluste – der zornige Mensch 'schlägt' gezielt zu und versucht, seinen Gegner genau da zu treffen, wo es schmerzt oder wo er Veränderungs-Möglichkeiten sieht. Somit bietet der Zorn eine klarere Grundlage zur Auseinandersetzung.

Er kann – z.B. mittels einer Ich-Botschaft mitgeteilt – eher zu einer gemeinsamen Lösung, einer gemeinsamen Entscheidung beitragen.

All diese Aggressionen gehen laut Gerhard Roth auf vier Ursachen zurück:

1. Einsamkeit, insbesondere durch frühkindliche Erfahrungen. Später kann diese Einsamkeit bzw. damit verbundene Ängstlichkeit und verminderte Frustrationstoleranz zu einer erhöhten Aggressivitätsbereitschaft führen.
2. Bedrohung bei Unsicherheiten, die mit Punkt 1 zusammenhängen.
3. Eine falsche Einschätzung der Umwelt, z.B. aufgrund emotionaler Defizite.[64]

---

63 In der Realität sind diese Unterscheidungen leider nicht so klar zu ziehen, zumal ein wütender Mensch seine Wut "im Griff haben kann". Auch ist die Mimik von beiden eher gleich.

64 Eine solche Fehleinschätzung kann vorkommen, wenn Sie entweder keinen guten Zugang zu Ihren Emotionen haben und somit Situationen schlecht einschätzen können wie es bei einigen Menschen der Nachkriegsgeneration der Fall ist. Gefühle zu zeigen – und langfristig auch zu spüren – war damals

4. Das instrumentelle Lernen nach der sozial-kognitiven Lerntheorie nach Bandura bezüglich eines effektiven Einsatzes von Aggressionen zur Zielerreichung.

## Freude, Glück, Genuss, Vergnügen, Lust, Zufriedenheit, Hoffnung, Neugier

Nach Spinoza symbolisiert Freude die Weiterentwicklung des Menschen von geringerer zu größerer Vollkommenheit. Diese Vervollkommnung der eigenen Kompetenzen ist ein Wert an sich und bedarf keiner anderen Ziele. Die Vervollkommnung wird dadurch erleichtert, dass wir im Zustand der Freude offen in die Welt sehen und diese offen in uns aufnehmen. Alle (Denk-)Richtungen bekommen ihre Berechtigung. Wir haben mehr Kraft und fühlen uns größer als sonst. Wir wachsen über uns hinaus und müssen dies auch ausagieren. Wir können klarer und zielgerichteter denken. Neues wird leichter aufgenommen, neue Erkenntnisse leichter erkannt. Mit Freude beginnt auch die Phantasie stärker zu spinnen.

Zusätzlich haben wir ein Gefühl der Zeitlosigkeit. Wir haben das Gefühl, die Zeit so intensiv nutzen zu können, dass sie uns quasi 'nichts anhaben', uns nicht gestohlen werden kann. Die Zeit scheint still zu stehen. Einen Zustand, der mit dem Begriff des Flow treffend beschrieben wird. Dieser Zustand besticht durch eine Ruhe und Berechenbarkeit, die wir in vielen negativen Emotionen vergeblich suchen. Eine gute Therapie-Sitzung kann ein stückweit als ein gemeinsamer Flow beschrieben werden, bei dem die Ideen, Gedanken, Bilder, Emotionen und so weiter beinahe schwerelos wie ein Tischtennisball hin und hergespielt werden. Doch zumindest eine/r sollte die Kontrolle über den Prozess – eine weiterer Faktor für ein Flow-Erleben – in der Hand behalten: in diesem Falle der Therapeuten-Mensch. Doch sehen wir uns noch weiter an, was Freude mit uns macht.

Freude führt zu Offenheit – eine Offenheit, die sich auch auf andere Menschen bezieht. Der Austausch mit anderen scheint die Freude noch zu steigern, was nicht verwundert wenn wir an das Oxytozin denken: Ohne die Mitteilung an andere bzw. die Möglichkeit mit Anderen Freude zu teilen oder ihnen selber Freude zu bescheren wäre es wohl nur das halbe Vergnügen (an der Freude)[65].

Abgegrenzt zum Begriff der Freude wird das Vergnügen als eine eher oberflächliche Beschäftigung in einer angenehmen Situation beschrieben. Der tiefere, ganzheitliche Sinn der Freude fehlt hier.

Dagegen ist die Lust oft körperlicher Natur, aber auch allgemein ein Zustand des Genießens, d.h. der genussvollen Aufnahme von etwas mit allen oder bestimmten Sinnen – auf körperlicher wie auf geistiger Ebene.

Und schließlich zeigt uns unsere Zufriedenheit mit oder unser Stolz auf uns den Grad unserer Freude an, eine Aufgabe erfolgreich erledigt zu haben.

Wie bereits erläutert hat Freude bzw. die Vorwegnahme der Freude ihren Sitz im mesolimbischen System, welches veranlasst, dass Neurotransmitter bzw. Botenstoffe wie Dopamin ausgeschüttet werden, die uns schlichtweg offener und neugieriger machen, insbesondere, wenn wir eine wie auch immer geartete Belohnung erwarten[66]. Dadurch

---

oftmals nicht erwünscht oder sogar gefährlich. Andere mangelhafte Einschätzungen finden bei Autisten statt oder bei Menschen, die aufgrund eines Unfalls oder operativen Eingriffes gestörte Verbindungen zwischen Mandelkern und Cortex haben. Emotionale Rückmeldungen werden dadurch behindert und dadurch die Entscheidungsfähigkeit überhaupt. Beispiele dazu finden Sie bei Damasio: Descartes' Irrtum.

65 Seligman konnte nachweisen, dass Altruismus glücklicher macht als viele materielle Spielarten persönlichen Glücks.

66 Dies wird in unserem Belohnungsgedächtnis abgespeichert. Wenn wir eine Belohnung erwarten, werden wir bereits dadurch dopaminerg motiviert (siehe Roth, 149ff). Zimmer (S. 90ff) belegt, dass Kinder, die

können sich auch die positiven Emotionen verstärken und durch eine zusätzliche Verstärkung von außen hoch schaukeln.

Dennoch wirken sich positive Gefühle wie Optimismus nicht immer positiv aus wie Martens und Kuhl zeigen. Optimismus wirkt dann am produktivsten, wenn eine Aufgabe nicht zu komplex ist. Wird sie schwerer, so kann der Optimismus auch dazu führen, sich seiner selbst zu sicher zu fühlen. Eine leichte Angst als Warnsignal und Gegenspieler kann hier gute Dienste leisten.

Eine zentrale Funktion im Hinblick auf die Entscheidungsfähigkeit eines Menschen besitzt die Hoffnung auf Erfolg – im Gegensatz zur Angst vor Misserfolg. Ein hoffnungsvoller Mensch tendiert eher dazu, im Sinne von Seligman, ...

- mögliche Erfolge den eigenen Fähigkeiten zuzuschreiben,
- da er sich grundsätzlich als fähig einschätzt,
- insbesondere in der bevorstehenden Situation,
- wodurch er das Gefühl hat, die Situation im Griff zu haben.

Auch hier spielt wieder der Begriff der Kontrolle eine zentrale Rolle. Egal für wie gut und fähig ein Mensch sich hält: Er muss in der jeweiligen Situation das Gefühl haben, die Situation kontrollieren zu können. Laut Daniel Gilbert ist Kontrolle offensichtlich ein tiefes Bedürfnis der Menschen. Denn: Kontrolle verleiht uns eine Sicherheit im Leben, ohne die wir depressiv werden würden.[67]

Andere mit Hoffnung verwandte Aspekte betreffen Mut, Vertrauen, Zuversicht oder Optimismus bzw. auf der kognitiven Ebene die Erwartung, dass "schon alles gut ausgehen wird". Dies heißt nicht, dass die Situation auch tatsächlich gut ausgehen wird. Dennoch wächst die Wahrscheinlichkeit dazu allein dadurch, wenn wir aktivierter, motivierter und bewusster in die Situation hineingehen.

Doch positive Gefühle können noch mehr. Sie erweitern unseren Horizont, führen zu einem größeren Ideenreichtum und ermutigen uns, etwas Neues auszuprobieren. Spannend und relativ neu in der Forschung[68] ist vor allem der Punkt der Offenheit durch positive Gefühle: Positive Gefühle führen zu einer Sichtweise des großen Ganzen. Dies ist insbesondere zu Beginn einer Tätigkeit ein großartiger Motivator. Wenn es jedoch um Probleme geht, kann es sinnvoller sein, die große Freude zurückzufahren und sich Detail-Fragen mit Hilfe einer Skepsis-Brille anzusehen, d.h. bewusste nach Befürchtungen zu suchen, um mögliche Fehler aufzuspüren und vorweg zu nehmen.

## Soziale Emotionen

Die sozialen Emotionen beinhalten u.a. Scham, Stolz, Eifersucht, Neid, Dankbarkeit, Schuldgefühle, Bewunderung, Mitgefühl, Entrüstung und Verachtung. So wie Verachtung

---

während einer Hausaufgabe positiv körperlich berührt werden, die Aufgabe besser lösen können. Das Oxytozin macht sie sicherer im Umgang mit Schwierigkeiten. Kinder holen sich Ihre Glücksstoffe alleine durch das Herumbalgen ab, werden jedoch müde und unaufmerksam, wenn sie still in der Bank sitzen müssen. Doch auch wir Erwachsene können uns auf eine einfache Art und Weise ein Mindestmaß an Streicheleinheiten abholen, um us zu spüren und wohl zu fühlen: Indem wir angenehme Stoffe tragen, uns abtrocknen und nachts (oder in der Therapie) wie ein Fötus in eine Decke hüllen. Serviererinnen bekommen sogar mehr Trinkgeld, wenn sie ihren Gast nur kurz – scheinbar durch Zufall – berühren. Dennoch sind Berührungen mit Risiken verbunden: Nicht jeder Mensch erträgt die Nähe einer Berührung gleichermaßen, wie Zimmer anschaulich beschreibt. Hier ist es wichtig, den anderen nicht zu überfluten.

67 Siehe Gilbert: Ins Glück stolpern, S. 51ff
68 Siehe Caruso und Salovey: Managen mit emotionaler Kompetenz.

aus Ekel durch das soziale Gefüge entstand, entwickelten sich auch die anderen sozialen Emotionen aus den ursprünglichen Grundemotionen. Die Herkunft und Funktionsweise aller sozialen Emotionen ist noch nicht vollständig geklärt. Viele wurden vermutlich über Vorbilder, sprich stellvertretend oder durch Belohnung und Bestrafung gelernt. Dafür spricht, dass sie im Kern bereits angelegt waren, d.h. der Grundstock für ein erweitertes soziales Lernen war bereits gelegt.

## *Anmerkungen zu Neid und Eifersucht*

Neid hat viel mit Distanz zu tun. Grundlage ist die Unfähigkeit, an der Freude anderer teilzunehmen. Nur in der Distanz ist dies möglich. Andernfalls würde durch eine zu große Nähe Verbundenheit zum anderen entstehen, die dem Neid den Boden entzieht. In Nebenrollen oder abwechselnden Hauptrollen erscheinen ebenso: Hass, Eifersucht, Rachsucht, Habgier, Selbstsucht, Schadenfreude oder Missgunst. Alles Begriffe, die deutlich machen, wie wenig ein Mensch einem anderen Menschen sein Glück, seine Erfolge oder einfach sein pures Dasein gönnt.

Eifersucht hat nicht nur mit übertriebener Liebe zu tun. Sie tritt als 'kleine Eifersucht' in vielen denkbaren Situationen auf, z.B. in der Eifersucht auf eine Kollegin, die schneller befördert wurde als ich. Neidisch bin ich auf ihre Fähigkeiten oder Kontakte – eifersüchtig bin ich auf die sozialen Folgen oder auf eine vermeintlich ungerechte Bevorzugung: Der Chef mag sie anscheinend mehr als mich! Auch hier fehlt es an der Fähigkeit zu echter Nähe. Nähe durch das Verständnis eines anderen Menschen in all seiner Individualität, seinen Besonderheiten und Interessen. Es fehlt die Akzeptanz, der oder die andere habe auch einen freien Willen und kann nach eigenen Interessen Beziehungen eingehen. Ebenso fehlt die Sicht oder die Bereitschaft zur Sicht auf die besonderen Fähigkeiten einer Person. Vielleicht wurde meine Kollegin verdientermaßen bevorzugt. Vielleicht sollte ich mich mit ihr freuen. Vielleicht sieht meine eigene Rolle eben anders aus, als ich sie mir vorstelle. In diesem Sinne erscheint Eifersucht wenig vereinbar mit den Prinzipien von Liebe und Freundschaft: Kooperation, Offenheit und die Einsicht, über andere Menschen und deren Verhalten nicht nach dem eigenen Willen zu verfügen.

Nicht neidisch zu sein und nicht eifersüchtig zu sein hat viel damit zu tun, im Leben flexibel zu bleiben und die Dinge so zu nehmen, wie sie sind. Dies bringt uns wieder auf einen Denkfehler, der häufig in Entscheidungen zum tragen kommt: Das Gefühl, alles unter Kontrolle zu haben. Es tut gut, das Gefühl zu haben, eine Situation im Griff zu haben. Menschen jedoch können wir nicht kontrollieren.

## *Die Funktion unserer Emotionen und Gefühle vor und nach der Situation*

Obwohl einige Emotionen aus heutiger Sicht im Alltag nicht mehr die Funktion haben, die sie einmal hatten – denken Sie an das Zeigen von Wut oder Trauer im Berufsalltag – haben sie dennoch für die meisten von uns in vielerlei Situationen einen regulierenden Sinn. Wichtig ist hier insbesondere das Wissen um die Zusammenhänge der Emotionen, um sie für Beratungen nutzbar zu machen. Der Mann einer Klientin reagiert wütend auf sie. Woher kommt die Wut? Inwieweit könnte die Klientin Schuld an der Wut sein? Was möchte er ihr damit sagen? Anderes Beispiel: Ein Klient spürt Angst in sich aufsteigen. Warum hat er gerade jetzt Angst? Was 'will' er mit seinem Angstausdruck 'aussagen' – sofern jemand ihn bemerken wird?

Vor der Situation

| Emotion | Woher? (Ursachen) | Wohin? (Absicht und Sinn) |
|---|---|---|
| **Angst**, Furcht, Aufregung, Sorgen, Zweifel, Befürchtungen | Wenn wir die Möglichkeit der Einflussnahme haben, verspüren wir oft nicht die typischen Angst-Merkmale. Diese können sich jedoch später einstellen. Überforderungen, die Vermutung zu versagen oder drohende Bestrafungen sind die häufigsten Ursachen von Angst und Furcht. | Für Klienten-Menschen:<br>Eine unmittelbare Gefahr führt meist direkt zu einer Handlung (Flucht, Erstarren, Angriff).<br>Die Sorge über eine bevorstehende Bedrohung führt zu erhöhter Wachsamkeit und Muskelanspannung.<br>Bei unmittelbarer Bedrohung wird das Schmerzempfinden heruntergesetzt.<br>Die Angst zeigt uns, dass wir von der Situation überfordert sind und diese entweder verlassen oder unsere Kompetenzen erweitern sollten.<br><br>Für das System:<br>Als Signal: "Bitte verschone mich!" |
| **Freude**, Liebe, Bewunderung, Ehrfurcht, Lust,<br><br>**Hoffnung**, Nächstenliebe, Genuss, Optimismus, freudige Erwartung, Neugier | Das was wir vor einer freudigen Erwartung empfinden, sind quasi vorweggenommene Gefühle, die wir in ihrer Vollendung erst nach der Situation empfinden. Joachim Bauer belegt, dass bereits die Erwartung einer Bestätigung durch Andere im Körper Dopamin und Oxytozin ausschüttet. Dies motiviert uns zu weiteren Aktionen in derselben Richtung. | Für Klienten-Menschen:<br>Freude mobilisiert Kräfte, führt zu allgemeiner körperlicher Beruhigung und einem positiven energetischen Zustand, Lachen macht gesund, Freude vereint Menschen und kann Brücken bauen in Konflikten.<br>Freude öffnet uns für Visionen, Kreativität, neue Ideen und Produktivität. |
| **Ekel**, Verachtung, Entrüstung | **Ekel**<br>Gefühl der Abneigung durch Geruch, Gedanken, Anblick, taktil, Geräusch, die Handlungen anderer, Körperflüssigkeiten / Innereien, Blut, Schleim, Kot, Urin, v.a. moralische und sexuelle Verwerflichkeiten, | Für Klienten-Menschen:<br>Ekel schützt uns vor schlechten Speisen oder Getränken, kann aber auch übertrieben gegen Speisen gehen, die wir nicht kennen.<br>Ekel 'schützt' uns vor Menschen, von denen wir glauben, dass sie nicht gut für uns sind.<br>Ekel und Verachtung lässt uns auf Distanz gehen und Abstand halten.<br><br>Für das System:<br>Entrüstung und Verachtung zeigt anderen, |

| | | |
|---|---|---|
| | Fremdes, Krankes, das Unglück anderer oder Überdruss. Ekel empfinden wir auch dann, wenn uns jemand ein unmoralisches, ungerechtes Angebot macht.[69] Ekel entwickelt sich erst ab etwa 4 Jahren. Wenn sich Ekel auf Menschen bezieht, wird er zu Verachtung. Die Grundlagen von Verachtung und Entrüstung sind Ekel und Wut. | dass sie nicht auf dem richtigen Weg sind. Sie werden ausgelöst durch Normverletzungen (oft auch im Bereich der Hygiene). Konsequenzen sind je nach Macht (verächtliche) Nichtbeachtung oder aktive Bestrafung, z.B. durch 'Liebesentzug' oder andere Sanktionen. |
| **Eifersucht** | Mischung aus Liebe, Verzweiflung und Wut enge Vorstellungen einer Beziehung, die andere nicht teilen | Für das System: Ein übertriebenes Zeichen der Liebe für einen Menschen und somit als Kompliment gedacht, um ihn nicht zu verlieren. |
| **Neid** | Gefühl der Ungerechtigkeit, andere haben / können etwas, das wir nicht haben / können. Die Grundlagen sind Wut, Angst und Trauer. Neid wird ausgelöst, wenn wir von Leistungen anderer mitbekommen, die wir auch gerne vollbringen würden. | Für Klienten-Menschen: Neid lässt uns Anstrengungen unternehmen, besser zu werden. Durch diese Anstrengungen stellen wir unser eigenes Gleichgewicht wieder her, indem wir anschließend ein höheres Selbstwertgefühl haben. Für das System: Die insgesamt höheren Leistungen kommen letztlich dem ganzen System zugute. |

---

69 Dies belegen Untersuchungen, in denen Versuchspersonen sich entscheiden können, inwieweit sie einen geschenkten Geldbetrag mit anderen teilen möchten. Entscheiden sie sich für ein unfaires (zu geringes) Angebot, werden im Gehirn der Anderen die gleichen Zentren wie bei Ekelgefühlen aktiviert.

Nach der Situation

| Trauer, Mitgefühl, Verzweiflung, Resignation | Verlust und Verlustängste Das Leiden anderer, die uns nahe stehen kann uns ähnlich berühren, wie unsere eigene Trauer, insbesondere, wenn wir ähnliche Erfahrungen gemacht haben wie die leidende Person. | Für Klienten-Menschen: Manche wollen lieber allein sein oder schämen sich, Schwächen zu zeigen. Tränen helfen, Spannungen abzubauen. Details ansehen. Für das System: Bei anderen Mitgefühl erwecken und Zugehörigkeit herstellen Bei anderen Anteilnahme und Unterstützung erwirken Mitgefühl bringt uns anderen nahe, um sie als Freunde zu gewinnen. Wir reagieren mit Trost, um ein Gleichgewicht in der Gruppe wieder herzustellen. |
|---|---|---|
| Freude, Stolz, Liebe, Erleich-terung, Dank-barkeit, Bewun-derung, Ehrfurcht oder Staunen, Nächsten-liebe, Zufriedenheit, Genuss, Glück, Vergnügen | Erleichterung nach einer Anspannung oder Anstrengung Flow-Erlebnisse: Etwas geschafft haben, dass uns gefordert, aber nicht unter- oder überfordert hat. Etwas bekommen haben, das lange unerreichbar war. Anstrengungen, die sich gelohnt haben. Erfolge Versöhnungen | Für Klienten-Menschen: Stolz würdigt die eigene Leistung: Ich bin auf dem richtigen Weg! Für das System: Soziale Freude (Dankbarkeit, Bewunderung, Ehrfurcht) festigt Kooperationen, indem sie die Leistung anderer würdigt – so wird ein zukünftiges Gleichgewicht angestrebt. |
| Wut, Zorn, Rache (nach einer Phase des Nach-denkens), Verdruss (kurzfristig), Groll (lang-anhaltend, eher eine immer wieder auftauchende Verstim- | Kontrollentzug, -verlust, an Handlungen gehindert werden, gestört werden Enttäuschungen und Zurückweisungen (kann auch zu Trauer führen), z.B. über die Handlung einer Person, Missachtung von Regeln oder Überzeugungen, durchkreuzte Pläne, Ungerechtigkeiten und Frustrationen jeglicher Art Extreme Temperaturen, z.B. kaltes oder heißes Wasser, Hitze, Enge oder Lärm Keine Fluchtmöglichkeit, leichte Opfer, klare Hierarchien, keine | Für Klienten-Menschen: Die eigene Wut abbauen und sich Freiraum verschaffen Die Erwartung, eigene Schmerzen abzubauen (oder symbolisch auf andere zu übertragen[70]) Sich durchsetzen, die eigenen Interessen verfolgen. Für das System: Schutz für andere, |

---

70 Aggressionen führen langfristig zu einem stabileren eigenen Körperhaushalt als Angst.

| mung) | Bestrafungserwartung | Betroffenheit wecken, Verhaltensänderung, 'Geh mir aus dem Weg!' |
| | Wut auf unsere Vergesslichkeit und Unzulänglichkeit, Verachtung über uns | |
| | Vorsätzliche körperliche Verletzungen und Wut, die ihrerseits zu Wut führt | Verbündete gewinnen: Die gegen uns! |
| | Wut und Zorn können eine Verteidigungsreaktion sein, um keine Trauer empfinden zu müssen. | Grenzen setzen, Vergeltung[71], den eigenen Einfluss klarmachen, 'Claims' abstecken |
| | Manche reagieren auf das Elend anderer mit Zorn, weil diese sich nicht um sich selbst kümmern können. | Macht und Dominanz ausspielen |
| | Wut wird eher von Menschen empfunden, die sich als kompetent erfahren, aber in einer bestimmten Situation an der Ausübung eines Planes gehindert werden. | Ausdruck der eigenen Befindlichkeiten und Pläne |
| **Verlegenheit, Schuldgefühle oder Scham** | Sie tauchen auf bei einer persönlichen Schwäche, einem Misserfolg oder wenn wir einen Regelbruch begangen haben. Grundlage dieser sozialen Emotionen sind Angst, Trauer und Unterwerfungstendenzen. | Für Klienten-Menschen: Scham bringt uns dazu, über unser Verhalten nachzudenken und schützt uns so vor einer ähnlichen Blamage oder einer zukünftigen Strafe. Für das System: Wiederherstellung des Gleichgewichtes nicht nur in uns (sicherlich haben wir uns vorher schon unwohl gefühlt und geahnt, dass etwas nicht stimmt), sondern auch in der Gruppe durch die langfristige Anpassung gemeinsamer Wertvorstellungen – somit auch Anerkennung und Festigung sozialer Regeln. |

Der Emotionsforscher Robert Plutchik[72] stellte für die wichtigsten Emotionen Abstufungen in drei Schritten auf, die auf für Focusing-Begleitungen nicht uninteressant als Zeichen der Tiefe einer Emotion sind. Hier eine Auswahl:

| **Freude** | Heiterkeit | Freude | Ekstase |
| **Angst** | Besorgnis | Angst | Schrecken / Panik |
| **Trauer** | Nachdenklichkeit | Traurigkeit | Kummer |

---

71 Motivationspsychologen sprechen vom Befriedigungswert der Aggression. In normalen Situationen führt eine mittlere Schmerzäußerung bzw. die Mitteilung einer Verletzung, wie auch immer, zu einer Befriedigung der aggressiven Person. Bei einem 'zu wenig' wird draufgesattelt, bei einem 'zu viel' entstehen Schuldgefühle. Ausnahmen bestehen bei ohnehin aggressiven Personen, die Schmerzen als Erfolg ansehen – nicht als Wiedergutmachung, und in außergewöhnlich provokanten Situationen.
72 Siehe Caruso und Salovey: Managen mit emotionaler Kompetenz.

| Wut | Ärger | Wut | Hass |
|-----|-------|-----|------|

Dennoch: Die Bedeutungen verschiedener Begriffe sind – unabhängig wissenschaftlicher Untersuchungen – doch sehr personenabhängig. Was für die eine Kummer ist, ist für den anderen noch lange kein Kummer.

# 8 Embodiment: Körper-Verhalten, somatische Marker und Gefühle

In einem nächsten Schritt macht es Sinn, sich diese Emotionen auf der Stufe der Empfindungen anzusehen, d.h. auf der Stufe, wo wir tatsächlich etwas im Körper spüren bzw. einen Körper-Ausdruck von uns geben. Wir befinden uns hier nur zum Teil bei den somatischen Markern, sondern auch bei allgemeinerem Körper-Verhalten. Doch der Übergang ist fließend. Somatische Marker sind Bündel an Gefühlen, die zentriert in einem Bereich unseres Körpers spürbar sind, z.b. im Bauch, in den Eingeweiden oder im Nacken. Beim Körper-Verhalten geht es darum, zu spüren, welche vielen kleinen Regungen sich im Körper abspielen und nach außen (und innen!) gezeigt werden. Wenn wir lernen, diese Regungen bei uns und anderen zu deuten, kommen wir auch den Gefühlen auf die Spur.

Zusätzlich können wir dieses Körperverhalten dazu benutzen, um

- eine Situation einzuschätzen (negativ oder positiv),
- an andere (beteiligte) Personen Körper-Signale zu senden,
- bei überbordenden Körper-Emotionen mit dem Körper gegenzusteuern[73],
- sich mit Körper-Haltungen und Körper-Verhalten intensiver und effektiver in eine Situation hineinzudenken und dadurch die Entscheidungsfindung körperlich-emotional zu unterstützen, z.B. indem wir uns klar machen, dass wir bei positiven Körpergefühlen eher das große Ganze sehen, kreativ und ideenreich – während wir bei negativen Emotionen mehr auf Details achten bzw. unfähig sind, Visionen als möglich zu betrachten.

Die folgenden Versuche belegen, dass Haltungen unseres Körpers sich auf unsere Gefühle und Wahrnehmung auswirken, genannt body feedback oder facial feedback:

In einem Versuch von Gotay und Riskind wurden Versuchspersonen gebeten, an einem Test teilzunehmen, in dem eine Gruppe acht Minuten lang eine zusammengezogene, depressive Haltung, die andere Gruppe eine aufrechte, offene Haltung einnehmen musste. Anschließend wurde ihr Durchhaltevermögen bei einer recht komplexen Puzzle-Aufgabe getestet. Ergebnis: die depressive Gruppe bearbeitete im Durchschnitt 11 Puzzleteile, die aufrechte Gruppe 17 Teile.

Fazit:

- Beobachten Sie sich selbst bei der Bewältigung einer Aufgabe.
- Macht eine zurückgezogene Haltung Sinn – im Sinne einer Detail-Arbeit?
- Oder ist sie eher kontraproduktiv?
- Und welche Körperhaltungen nehmen zu Beratende ein?
- Passt die Haltung zu dem, was sie erzählen?

In einem weiteren Versuch von Wells und Petty wurden die Auswirkungen von Kopfbewegungen auf die Entscheidungsfindung getestet. Konkret ging es um die Erhöhung von Studiengebühren an einer amerikanischen Universität, der wohl die meisten Studenten äußerst kritisch gegenüberstanden. Als Vorwand der Studie musste ein

---

73 Dies wird detailliert im Buch 'Embodiment' von Maja Storch u.a. beschrieben. Auch die folgenden Versuche sind dort in detaillierter Form nachzulesen.

Kopfhörertest herhalten. So durften die Versuchspersonen sechs Minuten lang erst Musik, dann eine Informationssendung zum Thema "Pro Erhöhung der Studiengebühren" und zum Schluss wieder Musik hören. Gruppe 1 sollte dazu durchgehend nicken – Gruppe 2 sollte den Kopf schütteln. Anschließend sollten alle einen Fragebogen zum Thema Studiengebühren ausfüllen. Ergebnis: Gefordert wurden in dem Radiobeitrag 750 Dollar Studiengebühren, eine neutrale Gruppe wollte sich auf 582 Dollar einlassen, die Kopfschüttler auf 467 Dollar, die Nicker jedoch auf 646 Dollar – ein durchaus signifikanter Unterschied.

Und schließlich noch einen Hinweis zum Handflächen-Paradigma. In einigen Studien konnte bewiesen werden, dass Personen, die Armstreckerbewegungen, sogenannte Geh-Weg-Armbewegungen ausüben, z.B. indem sie die Hände von oben auf eine Tischplatte pressen in Folge weniger kreativ sind als solche die ihre Hände von unten an eine Tischplatte pressen und dadurch mit den Armbeuger-Muskeln eine Komm-Her-Bewegung ausüben.

Allerdings hat sich in einem Versuch von Jens Förster auch gezeigt, dass Armbeuger auch bereiter sind, Nahrung aufzunehmen (Komm-Her!) als Armstrecker (Bloß-Nicht!).

Fazit: In der Literatur stehen zwar nur die beiden Aussagen Geh-Weg oder Komm-Her, ich denke jedoch dass sich hier auch weitere Aussagen finden lassen, zumal die Armstreckerbewegung v.a. Angst aber auch Wut symbolisiert:

| Armstrecker (Details, Angst, Wut) | Armbeuger (Visionen, Hoffnung, Freude) |
|---|---|
| Geh-Weg! | Komm-Her![74] |
| Vielleicht sollte ich weg? | Bleib-Hier! |
| Ich will da durch! | Lass-mich-das-Festhalten! |
| Ich setze das durch! | Ich höre Dir zu! |

Hier der Zusammenhang zwischen Emotionen und Körperverhalten[75] bzw. somatischen Markern, auch hier wieder vor und nach einer Situation:

**Vorher**

| Angst, Sorgen, Befürchtungen, Zweifel, Überraschung, Respekt | Körper-Verhalten: Wir ziehen uns zurück, behalten aber genügend Aufmerksamkeit, um die Gefahr einschätzen zu können. <br>• Blut strömt zu den großen Skelettmuskeln, v.a. in die Beine. Das Gesicht wird bleich. <br>• Evtl. bekommen wir eine kurze Starre (um nicht erkannt zu werden). <br>• Hormone versetzen uns in einen Alarmzustand. <br>• Wir richten unsere volle Aufmerksamkeit auf die 'Gefahr', wenn |

---

74 Interessanterweise ist die spanische Geste für Komm-Her nicht die nach oben offene auf und zu gehende Hand, die wir kennen, sondern ist nach unten geöffnet, also mehr eine aggressive Geh-Weg-Geste. In der Tat wirkt dies auf Nordeuropäer dominanter, da die Hand sich quasi nur unter Vorbehalt öffnet.

75 Die Beschreibungen bzw. Anleitungen der Mimiken stammen von Paul Ekman.

| | |
|---|---|
| | wir es ertragen. Die Atmung wird schneller und tiefer. |
| | • Die Hände werden kalt und beginnen (dennoch) zu schwitzen und zittern. |
| | • Körper und Gesicht weichen zurück. |
| | • Wir bauen mit den Händen eine Pyramide / Pistole, eine Faust oder ein Stachelschwein zur Abwehr und richten es gegen den Gesprächspartner. |
| | • Wir heben die oberen Augenlider an, die unteren Augenlider werden angespannt (Überraschung, Interesse, Aufmerksamkeit); die Oberlider werden stärker angehoben (Überraschung, Furcht, Besorgnis). |
| | • Bei Angst werden die Lippen in Richtung Ohren, die Augenbrauen nach oben und über der Nasenwurzel zusammengezogen. |
| | • Die Handaußenflächen gehen nach außen und die Arme über Kreuz. |
| | • Bei Überraschung oder einem fragenden Gesichtsausdruck werden die Augenbrauen angehoben (das Blickfeld wird weiter, es kommt mehr Licht auf die Netzhaut, folglich mehr Informationen ins Gehirn), Stirnfalten bilden sich horizontal, der Kiefer wird fallen gelassen. |
| | • Der Blick von unten wirkt unterwürfig. |
| | **Somatische Marker** |
| | Zittrige Beine oder Knie, keine Luft bekommen, zitternde Mundwinkel, enge Brust, Kloß im Hals, kalte Füße, Körperteile sind starr oder können sich nicht bewegen, schlafen ein, schlucken müssen oder etwas verdauen müssen, es läuft mir eiskalt den Rücken runter, mir stockt der Atem, das nimmt mir den Atem oder die Luft |
| **Ekel,** Entrüstung, Verachtung, Überheblichkeit | **Körper-Verhalten:** Ekel versucht uns, vor unangenehmen 'Dingen' zu schützen. |
| | • Eine nach oben gezogene Oberlippe und gerümpfte Nase schützen dieselbe vor üblem Geruch. |
| | • Die Unterlippe wird angehoben und geht nach vorne. |
| | • Der Mund bildet ein umgedrehtes U. |
| | • Zusätzlich: ein dominanter Blick von oben und eine gerade oder überspannte Haltung. |
| | • Ein asymmetrischer Mund (auch mit Lächeln) zeigt Verachtung. Zusätzlich: Stöhnen, Seufzen, Kopfschütteln oder das typische 'ts ts ts'. |
| | **Somatische Marker:** |
| | Das Gefühl größer zu sein, sich schütteln müssen vor Ekel |
| **Freude,** Offenheit, | **Körper-Verhalten:** Freude ist eine sehr offene Emotion. |
| | • Wir zeigen das echte Duchenne-Lächeln. Dazu gehören weit |

| | |
|---|---|
| Liebe, Bewunderung, Ehrfurcht, Neugier, Hoffnung, Nächstenliebe | geöffnete Augen, weite Pupillen und leuchtende Augen. Diese werden als warmherzig wahrgenommen, da sie zeigen, dass sich jemand wirklich für etwas interessiert.<br>• Ein leicht geöffneter Mund bekundet leichtes Staunen oder auch Offenheit. Wir sind bereit, etwas aufzunehmen – insbesondere unterstützt durch ein leichtes Hochziehen der Augenbrauen und dadurch offenere Augen. Wir sind bereit, allem zu folgen, was der Gesprächspartner zu sagen hat – auch wenn es ungewöhnliche Ideen sind.<br><br>**Somatische Marker:**<br>Schmetterlinge oder sonstige Wohlgefühle im Bauch, Kribbeln in der Solarplexusgegend, Freiheitsgefühle in der Brust, Leuchten im Kopf (Wicki), ein wohlige Gänsehaut, zu Tränen gerührt sein, eine wohlige Wärme im ganzen Körper, da fällt mir ein Stein vom Herzen, das Herz ausschütten, auf festen Füßen stehen |
| **Misstrauen**, Nachdenklichkeit, Zurückhaltung (Misstrauen kann eine Vorstufe oder ein Nachhall von Wut oder Trauer sein) | **Körper-Verhalten:**<br>• Eine Hand an der Nase (inklusive horizontalem Stirnrunzeln) bedeutet: "Da muss ich erst mal meinen guten Riecher fragen, ob das so passt."<br>• Ein Kratzen im Nacken (inklusive horizontalem Stirnrunzeln) bedeutet: "Ich weiß nicht so recht. Kann ich Ihnen wirklich trauen?"<br>• Ein Kratzen am Hinterkopf (inklusive horizontalem Stirnrunzeln) bedeutet: "Ich weiß nicht so recht. Irgend etwas bei der Sache macht mir große Sorgen."<br>• Ans Kinn fassen und evtl. nach oben blicken signalisiert Nachdenklichkeit oder Skepsis. Ein aufgestütztes Kinn ebenso.<br>• Die Hand vor dem Mund signalisiert: "Das will ich lieber nicht sagen."<br>• Ein schiefer Mund signalisiert meist Misstrauen.<br>• Der Blick von der Seite bzw. halb schräg wirkt abschätzend. Insbesondere unterstützt durch vertikale Stirnrunzeln. Ein geschlossener Mund heißt: "Ich bin anderer Meinung und sehe das sehr kritisch." Ein offener Mund dagegen signalisiert: "Noch bin ich nicht überzeugt, aber ich höre neugierig zu" – dann allerdings eher mit horizontalen Stirnfalten.<br><br>**Somatische Marker:**<br>Das liegt mit schwer im Magen, Steine im Bauch haben, ein Völlegefühl haben, Sodbrennen, den Kopf in den Sand stecken |

**Nachher**

| Emotion | Körper-Verhalten und somatische Marker |
|---|---|
| **Freude**, **Glück**, **Staunen**, **Dankbarkeit**, **Stolz** | **Körper-Verhalten:** Ähnlich wie die Wut besticht Freude durch seine Lebendigkeit und Agilität.<br>• Spontanes Juchzen oder Singen.<br>• Die Hände vor Schadenfreude reiben. |
| **Verlegenheit**, **Schuldgefühle**, **Scham** | siehe oben unter Angst |
| **Wut**, Zorn, **Eifersucht**, **Neid, Gier** | **Körper-Verhalten:** Unser Körper bereitet sich darauf vor, agil zu werden. Er wird unruhig.<br>• Blut strömt in die Hände und Adrenalin strömt durch den Körper.<br>• Der Puls nimmt zu, Herzschlag und Atmung werden schneller, der Blutdruck steigt.<br>• Das Gesicht wird rot.<br>• Es kommt zu einem Impuls, auf das Objekt oder Subjekt des Zorns zuzugehen.<br>• Die Stimme wird lauter.<br>• Die Augenbrauen ziehen sich zusammen- und werden (über der Nase) nach unten gezogen.<br>• Unter- und Oberlid werden angespannt (ein stechender Blick, kann aber auch darauf hindeuten, dass sich jemand konzentriert oder etwas ins Visier nimmt).<br>• Das Oberlid wird angehoben, die Augen aufgerissen.<br>• Die Lippen werden fest aufeinander gepresst.<br>• Die Zähne werden zusammengebissen, der Unterkiefer und das Kinn werden nach vorne geschoben, evtl. mit entblößten Zähnen.<br>• Das Lippenrot wird dünner (ein frühes Zeichen für Zorn).<br>• Die Unterlippe wird hochgeschoben (kann auch Resignation bedeuten).<br>• Schwache Anzeichen von Zorn sind ein stechender Blick und leicht gesenkte Augenbrauen; dies weist auf Konzentration oder Verblüffung hin.<br>• Als Gesten gibt es Dominanzgesten (von oben herab), hackende Hände ("Hier müssen wir einen klaren Schnitt machen!") oder abwehrende Hände mit ausgestreckten Armen ("Nicht mit mir!").<br><br>**Somatische Marker**<br>Vor Wut platzen können, die Nackenhaare stellen sich auf, die Laus auf der Leber, gegen den Strich gehen, zum Haare raufen, mit dem Kopf |

| | durch die Wand wollen, aus der Haut fahren, da kommt mir die Galle hoch, mit dem falschen Fuß aufgestanden sein |
|---|---|
| **Trauer**, Mitgefühl, Verzweiflung | **Körper-Verhalten:** Wir igeln uns ein. |
| | • Die Stimme wird tief und sanft, die Haltung gebückt. |
| | • Die Gesten werden sparsamer, der Kopf gesenkt. |
| | • Das Gesicht wird evtl. mit der Hand verdeckt. |
| | • Die Augenbrauen werden über der Nasenwurzel hochgezogen und bilden eine vertikale Stirnfalte. |
| | • Der Mund wird leicht geöffnet, Mundwinkel nach unten gezogen, die Wangen hochgezogen. |
| | • Die Oberlider werden gesenkt, der Blick geht nach unten. |
| | • Die Oberlippe wird hochgezogen. |
| | • Die Unterlippe beginnt zu zittern. |
| | • Kinnrunzeln. |
| | **Somatische Marker** Ein gebrochenes Herz, das zieht mir die Füße weg, das nimmt mir die Luft, das bricht mein Rückgrat, das geht mir an die Nieren |

Es ergibt sich folgender Zusammenhang:

Wir speichern Situationen zusammen mit Emotionen ab und sammeln so über unser gesamtes Leben hinweg typische prägende Situationen assoziiert mit Emotionen. Wenn wir nun in eine neue, ähnliche Situation kommen oder an ein ähnliches Thema denken, tauchen wieder – aufgrund der Erwartungsprägung – dieselben Emotionen auf. Mit Sicherheit als Körper-Verhalten oder somatischer Marker. Wenn wir genauer hinfühlen auch als Emotion. Wie bereits erwähnt ist es wahrscheinlich, dass wir dann vorerst nur ein bisschen Enttäuschung oder Gereiztheit spüren. Dies kann sich jedoch im Laufe der Situation oder eines Focusing-Prozesses verschärfen.

Hier noch einige ganz konkrete Beispiele, wie Sie aus der Wahrnehmung eines somatischen Markers Schlüsse für sich oder einen Klienten-Menschen ziehen können. Aber Vorsicht: Dies sind lediglich Anregungen. Jeder Mensch ist anders und für den einen bedeutet ein bestimmter Marker etwas anderes für den anderen. Setzen Sie daher hinter jeden Vorschlag und hinter jede Idee ein geistiges Fragezeichen.[76]

**Somatischer Marker ⟹ Emotion ⟹ Gedankliche Anregungen**

**Freude, Glück**

| Schmetterlinge im Bauch haben |
|---|
| nervös, hoffnungsvoll, gespannt, verwirrt, aufgeregt, neugierig, lebendig, glücklich, begeistert, verwirrt |
| Schmetterlinge im Bauch machen in jeder Hinsicht neugierig auf alles, was kommt. |

---

76 Die Tabellen sind so gedacht, dass Sie sie ausschneiden und auf Karteikarten kleben können – für die Pause beim Zahnarzt zwischendurch.

Dadurch werden wir von Informationen überflutet, die wir erst einmal filtern müssen. Sie können jedoch auch 'blauäugig' machen, wodurch gefahrvolle Details übersehen werden.

Einen Geistesblitz haben

angeregt, fasziniert, erleuchtet, hellwach, aufgeladen, ekstatisch

Der Zustand der Freude erweitert unseren Blick für das große Ganze, für Visionen, für Neues und eine Vielzahl kreativer und unkonventioneller Ideen. Die Weite und Offenheit während der Freude macht es uns leichter, andere Perspektiven einzunehmen und andere besser zu verstehen. Wir sollten diesen Zustand nutzen, um Kräfte zu mobilisieren und andere für uns zu gewinnen.

Meine Brust ist vor Stolz geschwellt

stolz, befreit, glücklich, begeistert, zufrieden, groß / gewachsen

Nach einer gelungenen Leistung empfinden wir Stolz. Unsere geweitete Brust gibt uns das Gefühl, an einer schwierigen Aufgabe gewachsen zu sein. Unser Gefühl sagt uns, dass wir auf dem richtigen Weg sind oder waren. Gesellschaftlich betrachtet können wir beobachten, wer mit uns feiert bzw. uns gratuliert und wer nicht. Wir sollten unsere Stärken nutzen – ohne arrogant zu werden.

## Wut

Die Haare stehen zu Berge

wütend, alarmiert / verteidigungsbereit, verärgert, erschrocken, entrüstet, aufgeregt

Wut verengt unseren Blick. Dies ist nützlich, um einen Widersacher oder ein schwieriges Problem bis ins letzte Detail durchzudenken und anzugehen. Außerdem macht die Wut uns größer als wir eigentlich sind, indem wir die Haare aufstellen und unsere Arme weit gestikulieren. Wir sollten jedoch darauf achten, keinen emotionalen Ausrutscher zu haben. Dehalb: Lieber einige Minuten Verschnaufpause nehmen, um sich wieder einen Freiraum zu verschaffen, bevor es weitergeht.

Die Nase voll haben

angeekelt, wütend, abgefüllt, geladen, verärgert, frustriert

Die Nase voll von zu viel Input? Oder von dem 'Gebaren' anderer oder davon, dass unsere Pläne nicht funktionierten? Dann sollten wir überprüfen, welche Fakten wirklich wichtig sind und wer bzw. was uns daran hindert unsere Ziele zu erreichen. Waren diese Ziele sinnvoll und realistisch? Mit einem dosierten Ausdruck von Wut verschaffen wir uns Freiräume, um eigene Interessen durchzusetzen. Wir setzen Grenzen und machen unseren eigenen Einfluss klar bzw. teilen anderen unsere Pläne mit – sinnvoll, wenn wir der Überzeugung sind, auf dem richtigen Weg zu sein.

## Verwirrung, Überraschung

| |
|---|
| Der Kopf schwirrt |

| |
|---|
| verwirrt, nervös, aufgeregt, gehemmt, irritiert, durcheinander, überrascht |

| |
|---|
| Überraschung kann zu Angst oder Erleichterung bzw. Freude führen. Wir sollten herausfinden, welche Informationen wirklich wichtig sind. Physiologisch öffnen sich Mund und Augen, um die Informationen auch wirklich aufzunehmen. |

## Trauer, Erschöpfung

| |
|---|
| Das liegt mir schwer im Magen. |

| |
|---|
| Völlegefühl, evtl. angeekelt, schwer, träge, niedergeschlagen, bedrückt, sauer, erschöpft |

| |
|---|
| Haben wir etwas zu uns genommen, das uns nicht bekam? Ein frühzeitiges Ekelgefühl schützt uns davor, uns zu übernehmen (und später zu übergeben!). Vielleicht sollten wir die Informationen erst einmal verdauen, bevor wir eine Entscheidung treffen. Auf jeden Fall sollten wir in Zukunft auf ähnliche Situationen achten, um uns nicht wieder zu übernehmen? |

| |
|---|
| Den Kopf hängen lassen. |

| |
|---|
| traurig, enttäuscht, niedergeschlagen, bestürzt, betroffen, deprimiert, frustriert, hilflos, mutlos, unzufrieden, verzweifelt, einsam, elend, müde |

| |
|---|
| Trauer ist die engste, in sich gekehrteste Emotion. Wir verschließen uns vor der Welt. Dies macht Sinn, um in aller Ruhe, ohne neue Informationen über den erlittenen Verlust nachzusinnen und eine detaillierte Analyse vorzunehmen. Die Alternative besteht darin, sich Hilfe bei der Verarbeitung zu holen bzw. Hilfe zuzulassen. |

## Angst, Sorgen

| |
|---|
| Einen Kloß im Hals haben |

| |
|---|
| angespannt, ängstlich, zögerlich, gelähmt, unsicher, zweifelnd, gehemmt |

| |
|---|
| Manche somatische Marker führen direkt zu einer Handlungsanweisung. Hier: "Trinken Sie einen Schluck Wasser oder sorgen Sie dafür, dass das, was Sie erzählen möchten gut 'verdaut' wurde". Evtl. liegt der Kloß aber auch nicht am Thema, sondern an der Person, der wir das Thema erzählen. Vielleicht sollten wir hier erst einmal Klarheit schaffen, bevor wir weiter reden. |

| |
|---|
| In die Ecke gedrängt werden |

| |
|---|
| erst ängstlich, bedrängt, angespannt, zögerlich, schüchtern, apathisch, geschockt, erschöpft, gelähmt, mutlos, einsam, später evtl. auch wütend |

| |
|---|
| Verfügen wir über genügend Kompetenzen, um uns 'freizukämpfen' oder sollten wir lieber klein bei geben? Und was bedeutet das? Ein Signal der Angst heißt: "Bitte verschone mich!" - Können wir mit einem 'Friedensangebot' des Anderen rechnen? |

| |
|---|
| Kalte Füße bekommen |

| |
|---|
| alarmiert, betroffen, erstarrt, besorgt, ängstlich, sorgenvoll |
| Die Angst bereitet uns auf eine gefahrenvolle Situation vor. Dies macht Sinn, um einen Moment inne zu halten und sich nicht zu sicher zu fühlen mit unseren Kompetenzen und Fähigkeiten. |

**Wacklige Beine haben**

| |
|---|
| ängstlich (z.B. Versagensängste), angespannt, besorgt, nervös |
| Angst bereitet uns auf eine 'gefahrenvolle' Situation vor. Dies macht Sinn, um sich nicht zu sicher mit den eigenen Kompetenzen und Fähigkeiten zu fühlen, sofern die Angst tatsächlich mit einer konkreten Situation verbunden ist, und nicht eher einer durchgehenden Stimmung gleicht. Angst führt auch zu einer detaillierteren Sicht der Dinge, um Fehler zu entdecken. |
| Aus manchen somatischen Markern lassen sich aber auch direkte Handlungsanweisungen ableiten: "Hinsetzen, Magnesium nehmen, Bananen essen oder einen breiteren Stand einnehmen – und sich nächstes Mal besser vorbereiten." |

**Eine Faust im Nacken spüren**

| |
|---|
| alarmiert, ängstlich, angespannt, gelähmt, gestresst, er-/bedrückt, erschrocken |
| Angst bereitet uns auf eine 'gefahrenvolle' Situation vor. Dies macht Sinn, um sich nicht zu sicher mit den eigenen Kompetenzen und Fähigkeiten zu fühlen, sofern die Angst tatsächlich mit einer konkreten Situation verbunden ist, und nicht eher einer durchgehenden Stimmung gleicht. Angst führt auch zu einer detaillierteren Sicht der Dinge, um Fehler zu entdecken.<br>Die Sorge über eine bevorstehende Bedrohung führt zu erhöhter Wachsamkeit. Die Angst zeigt uns, dass wir von der Situation überfordert sind und diese entweder verlassen oder unsere Kompetenzen erweitern sollten. |

# 9 Unsere fünf Sinne als Modalitäten

Unsere Sinne spielen bei Entscheidungen oftmals eine unbewusste, aber nichts destotrotz wichtige Rolle. Sie vermitteln zwischen innen und außen. Sie lassen uns das Jetzt spüren bzw. schmecken oder riechen. Oder sie lassen uns einen Blick auf die Zukunft werfen und sagen uns Glaubenssätze ein, nach denen wir uns richten sollen.

Gerald Hüther sieht in seinem Buch "Bedienungsanleitung für ein menschliches Gehirn" Menschen, die einen vollkommenen Ausgleich zwischen innerer und äußerer Wahrnehmung erreicht haben auf der höchsten Stufe der Wahrnehmung. Erst dann ist ein idealer Abgleich zwischen dem was 'hereinkommt' und dem was schon da ist möglich. Diese Menschen verfügen zusätzlich meist über einen guten Ausgleich zwischen Abhängigkeit von anderen Menschen und Autonomie sowie Gefühl und Verstand.


Unsere Sinne bestimmen, wie wir etwas wahrnehmen. Sie lenken uns leider allzuoft von unseren tieferen Körperwahrnehmungen und Gefühlen ab. Doch zuweilen fungieren sie auch als Tor zu eben jenen Gefühlen. Die Sinne öffnen und trainieren wir, indem wir uns nacheinander in einer Situation auf nur einen Sinneskanal konzentrieren.

Sammeln Sie Adjektive, um ihre persönlichen Sinneseindrücke zu beschreiben und so auch in der Begleitung eines Focusing-Prozesses ein gutes Repertoire an passenden Begriffen zu haben:

- riechen: frisch, verwest, aromatisch, verbrannt, gekocht, erdig, gegrillt, vertrocknet, künstlich, chemisch, beißend, staubig, feucht, dick, stinkend, abgestanden, fruchtig, fischig, schimmlig, penetrant, flüchtig
- schmecken: eine feste, flüssige, weiche oder harte, wabbelige, kalte oder warme, dicke oder bröselige Konsistenz; das Aroma bitter, salzig, scharf, sanft, kräftig, käsig, fischig, frisch, verdorben, sauer, süß, streng, giftig, penetrant oder fein
- sehen: in Farbe oder Scharz-weiß, Formen, Größen, Strukturen, Oberflächen, der Umfang und Durchmesser, ordentlich oder chaotisch, abwechslungsreich, in einem Standbild oder bewegt; Wie schnell läuft der Film? Welchen Blickwinkel nehmen Sie ein – den eigenen oder einen fremden? Hell oder dunkel? Wie groß ist die Entfernung, in welcher Richtung und wie scharf ist das Bild?
- hören: Ist die Melodie laut oder leise, harmonisch oder atonal? Wie hören sich Klangfarbe, Tonfall und Stimmlage an? Monoton, schnell-langsam, eine kräftige, stotternde, stetige oder abgehackte Stimme, stereo, von rechts oder links? Fallen Schlüsselbegriffe?
- tasten: weich, hart, rau, zart, flüssig, zäh, biegsam, starr, trocken, klein, faserig, breiig, groß, glatt, kalt, warm oder spitz; Wo ist das Gefühl? Wandert es? Wie stark ist die Empfindung? Ist sie prickelnd, entspannt, diffus oder verkrampft?

## 10   Die Auswirkungen von Stress in therapeutischen SettingsStress und Freiraum

Gerald Hüther erläutert in seinem Buch 'Biologie der Angst' wie wichtig Stressreaktionen für die Weiterentwicklung des Menschen sind. Der Stress hilft uns, einen einmal falsch eingeschlagenen Weg auch als solchen zu erkennen, z.b. indem wir wütend wurden oder Angst bekamen. Nun kommt es in einer neuen ähnlichen Situation zur selben emotionalen Reaktion als Warnung: Wir werden gestresst und suchen 'automatisch' nach neuen Wegen und neuen Lösungen.

Ich möchte an dieser Stelle nicht zu tief in die Thematik Stress und den Umgang mit Stress einsteigen, da dies den Rahmen des Buches sprengen würde. Doch einige Punkte, insbesondere aus neurobiologischer Sicht erscheinen mir hier wichtig. Dies sind u.a.:

- Was passiert in unseren Nervenzellen bzw. in unserem Gehirn, wenn wir Stress empfinden?
- Und wie können wir mit diesem Stress mit Hilfe von Focusing umgehen?

Zuerst eine einfache Abfolge über die neurobiologischen Auswirkungen von Stress im Körper. Hüther unterscheidet zwei Arten von Stressreaktionen, nämlich unkontrollierbare und kontrollierbare. Die unkontrollierbare Stressreaktion überflutet uns mit Reizen und überfordert so unsere Fähigkeiten, mit Stress umzugehen. Im Gehirn herrscht Chaos.

Doch in der kontrollierbaren Stressreaktion erscheint die Anforderung, der wir ausgesetzt sind als Herausforderung. Was passiert hier im Gehirn?

Dazu eine einfach Grafik:

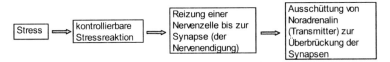

Erst durch die Überbrückung der Synapsen kann sich die Stressreaktion auf andere Zellen ausbreiten. Dieses noradrenerge System reagiert auf kontrollierbare Stressreaktionen, in dem es langfristig die Wege einer erfolgreichen Reaktion im Gehirn ausbaut und verbreitert. Dadurch fällt es uns bei einer ersten Begehung eines neuen Weges (einer neuen Handlung) zuerst einmal schwer oder wir empfinden Angst vor den Konsequenzen. Doch wenn diese Konsequenzen positiv ausfallen und unsere Fähigkeiten Erfolg haben, speichert sich dies im Gehirn ab, indem die genannten Wege in Zukunft leichter zu befahren sind. Die Angst verkleinert sich so mit jedem mal, solange bis sie gänzlich verschwindet.

Dieser Ausbau unseres 'Autobahn-Netzes' kann sowohl durch direkte Handlungen geschehen, als auch durch Als-Ob-Handlungen, mentale Simulationen und natürlich Focusing-Prozesse. Bereits hierin ist alles enthalten, was für einen guten Umbau notwendig ist:

- Die Handlung wird ganzheitlich simuliert, wodurch alle Sinne bzw. äußere und innere Sinne miteinander verknüpft werden.
- Es erfolgt eine Testung der Reaktion unseres Körpers auf die Konsequenzen der Handlung und ebenso

- eine Testung der möglichen (implizit in uns enthaltenen) Konsequenzen für andere.

Auch dadurch werden Straßen gebahnt, um oftmals so wichtige Änderungen im Leben – insbesondere bei Sackgassen – vorzunehmen. Und genau dies ist notwendig, wenn eine Autobahn zwar groß und gut befahrbar ist, jedoch in die falsche Richtung führen.

Und damit sind wir bei dem aus dem Focusing bekannten Freiraum angelangt. Dieser erfüllt aus neurobiologischer Sicht drei Zwecke:

1. Durch Schaffen eines Freiraumes zu Beginn eines Focusing-Prozesses (und auch zwischendurch, wenn nötig) werden Klienten-Menschen neurobiologisch auf Null gestellt. Dadurch werden neuronale Verbindungen entwirrt, insbesondere maladaptive Verbindungen von Themen und Emotionen, damit diese wieder neu zusammengefügt werden können. Erst dann können neue Wege geschaffen werden. Erst dann können unbekannte kleine Seitenwege entdeckt und ausgebaut werden.

2. Das Schaffen eines Freiraumes verhindert das Aufkommen einer unkontrollierbaren Stressreaktion, indem es Chaos im Gehirn ersteinmal gar nicht aufkommen lässt, sondern nach und nach in kontrollierte Bahnen lenkt. Negative Emotionen, z.B. Ängste, werden entsprechend akzeptiert, aber übernehmen nicht die Kontrolle.

3. Der Freiraum schafft Zeit, in der wir erste Eingebungen oder Stress vorbeiziehen lassen, um uns dann den zweiten Eingebungen zu widmen. Dadurch werden Entscheidungen nicht aufgrund einer Stimmung oder Betroffenheit getroffen, sondern erhalten die Chance alle Ebenen der Entscheidungsfindung miteinzubeziehen: Denken, Hören, Riechen, Schmecken, Fühlen, Sehen und Tasten (in ungeordneter Reihenfolge).

Letzten Endes wird dadurch in erster Instanz Stress im Körper reduziert, um die Bereitschaft zu bekommen, mit dem Prozess zu beginnen. Erst in zweiter Instanz geht es auch darum, genügend Freiraum zu haben, um im Körper neue, sinnvolle und aktuelle neurologische Verbindungen herzustellen. Um an dieser Aktualität dauerhaft dranzubleiben, genügt es nicht, nur nach innen zu horchen. Wir benötigen dazu einen stetigen Abgleich zwischen innen und außen, zwischen einem Sehen, Hören, Riechen, Schmecken und Fühlen der Außenwelt, unseren inneren Bildern, Stimmen, Gerüchen und Geschmäckern und unserer inneren Welt des Fühlens auf emotionaler und körperlicher Ebene.

## *Vom Umgang mit emotionalen Ausrutschern*

Die heftigste Folge von Stress sind emotionale Ausrutscher, bei denen wir die Kontrolle über unsere Handlungen verlieren. Wir alle kennen in kleinen Dosen solche Ausrutscher, die uns in aller Regel anschließend sehr leid tun, weil wir jemanden damit mindestens verbal verletzten. Umso wichtiger ist es, dies auch therapeutisch aufzuarbeiten.

Dazu Paul Ekman: Kurz nach einem Auslöser befinden Sie sich in einer Refraktärphase, in der Sie keine weiteren Informationen verarbeiten können, die nicht zu dem vorhandenen Gefühl passen. Um diese Phase zu verkürzen bzw. einer Emotion die Brisanz zu nehmen, sind sechs Faktoren maßgebend:

1. Je näher der erlernte Auslöser zum nichterlernten Emotionsthema passt, desto schwerer ist die Einflussnahme. Wir reagieren auf Situationen, die mit Kontrollverlust zusammenhängen evolutionär mit Zorn auch bei geringen Folgen. Ein Beispiel: Ein Autofahrer nimmt uns die Vorfahrt und kostet uns 5 Sekunden unserer Zeit. Dennoch sind wir extrem erbost darüber. Weitere universelle Reize, die eine Verknüpfung bzw. Konditionierung erleichtern, sind:

   - Angst vor schnellen Tieren, Erschrecken bei lautem Knall und Hundebellen
   - Angst vor körperlich spürbarem Kontrollverlust (das Festhalten, wenn Ihr Auto in die Kurve geht)
   - Angst vor engen Räumen, Höhenangst oder Angst, Blut zu sehen
   - Verlustängste und Trauer
   - Stolz, etwas erreicht zu haben
   - Freude über Gewinn
   - Freude über Glück
   - Sicherheit bzw. die Überwindung einer Gefahr
   - Solidarität in aussichtslosen Situationen
   - Versöhnungen nach einem langen oder gravierenden Streit
   - Extreme persönlich empfundene Ungerechtigkeiten

2. Je ähnlicher die auslösende Situation der Ursprungssituation gleicht, ...

3. je früher in der Entwicklung der Auslöser auftauchte, ...

4. je stärker die Ursprungsreaktion und

5. je häufiger die Ursprungsauslösungen waren, desto eher die erneute Auslösung bzw. desto schwerer die Einflussnahme.

6. Der letzte Faktor betrifft unsere Emotionalität. Wer generell schneller und intensiver reagiert, hat es schwerer, seine Gefühle in aller Ruhe aus der Vogelperspektive zu betrachten.


Ein Beispiel zu Verlustängsten unter 'ungerechten' Verhältnissen: Als Mike Tyson im Kampf gegen Evander Holyfield 1997 seinem Widersacher ein Ohrläppchen abbiess, lief in seinem Kopf in etwa folgender Monolog ab:"Ich habe vor acht Monaten unter ähnlichen Bedingungen gegen Evan verloren. Der Kerl ist einfach besser als ich. In mir kocht die Wut hoch, weil wieder einiges auf dem Spiel steht (neben dem Prestige auch 30 Millionen Dollar für mich). Wenn ich jetzt nicht handle, ist es vorbei. Die Wunde über meinem rechten Auge macht das Ganze nicht unbedingt besser. Das war ein Foul. Ich bin echt sauer, dass der Schiedsrichter das nicht gesehen hat. Was solls: ich beiss jetzt zu ..."

Hier fand eine sehr deutliche Verknüpfung von Verlustängsten mit dem sozialen Setting statt. So oder so ähnlich werden auch die anderen universellen Reize mit anderen Merkmalen verknüpft. Die Ähnlichkeit ist in diesem Fall sehr groß, die Ursprungssituation emotional stark und prägend. Das Entwicklungsstadium von Tyson kenne ich leider nicht. Jedoch können wir davon ausgehen, dass die Ursprungssituation nicht häufiger stattfinden musste, um sich ganz tief in die Amygdala von Tyson einzufressen. Und ein emotionaler Bursche muss er sein, in seinem Beruf. Ohne diese Ungestümheit wäre er vermutlich nicht so weit gekommen.

Konkret: Aufgrund von Demütigungen – i.d.R. im Kindesalter – reagieren wir als Erwachsene mit Zorn, wenn in bestimmten Situationen unser Vorgesetzter uns auf mit den

Demütigungen assoziierte Fehler hinweist. Diese emotionale Einflussnahme greift umso schwerer, wenn die damalige Demütigung körperlich und unkontrollierbar, früh, lang, oft und von nahen Bezugspersonen erfolgte. Wir sollten uns bewusst machen, was genau uns ärgert, wie wir reagieren und ob der Zorn grundlos ist oder nicht (Aufzeichnungen!). Wichtig ist dabei, dass unsere Stimmung, wenn sie denn gerade negativ ist, einen Auslöser sucht, um sich auszuleben. D.h.: Wenn Sie gereizt sind, wollen Sie Ihren Zorn auch ausleben!

Diese sogenannten Amygdala-Ausrutscher beziehen sich nicht ausschließlich auf Wutausbrüche, auch wenn es dazu die markantesten Beispiele gibt. Dazu zählen auch Panik- oder Trauer-Attacken.

Wie können Sie dieses Wissen in Coachings nutzen?

1. Testen Sie, inwieweit der Klienten-Mensch fähig ist, bestimmte Gefühle in Ruhe, d.h. vor dem großen Sturm zu betrachten. Denn: um mit Emotionen bewusst zu arbeiten, benötigen wir zuerst einmal Zeit. Um nicht von Emotionen überflutet zu werden, ist es hilfreich, eine Top-5-Liste der Reize aufzustellen, die uns am meisten stressen oder wütend machen. Insbesondere eine voreingestellte Entspannung z.B. mit Hilfe des Mottos "Heute bleibe ich ganz ruhig" trägt in der Beschäftigung mit Konflikten zur Beruhigung der Reize bei. Aber auch ein bewusstes Leben nach bestimmten Werten und Regeln kann die Überreizung des Mandelkerns in Schach halten.[77]

2. Ist es sinnvoll, die Emotion bis zur Vollendung durchzuleben, d.h. bis zur Ausübung einer Tätigkeit, die den Zorn bzw. das aufgestaute Cortisol abbaut oder unserer Angst recht gibt? Sicherlich ist es aus physiologischen Gründen meistens gesünder, die Wut 'herauszulassen'. Aber es gibt noch einen anderen gewichtigen Grund: Nur, wenn Sie eine Situation bis zum Ende durchlebt haben, speichern Sie auch die Erfahrung dazu emotional korrekt ab. Im Focusing haben wir die Möglichkeit, Handlungen mental durchzuspielen und so den Kosten-Nutzen-Faktor zu 'errechnen': Sanktionen durch die Umwelt, Verletzungen (eigene und fremde), ein schlechter Ruf. Dadurch wird unsere Amygdala nicht umprogrammiert, wie bereits an anderer Stelle erwähnt wurde. Es findet 'lediglich' eine Gewöhnung statt und zusätzlich das Testen eines neuen neuronalen Weges. Was ich damit sagen möchte: Wenn Tyson auch nur ein klein wenig die Fähigkeit besitzt, sich weiterzuentwickeln, wird er zukünftig die Zähne von fremden Männerohren lassen. Rückwertig betrachtet könnte dies für ihn eine wichtige Erfahrung gewesen sein, wenn er das Ereignis mit all seinen Konsequenzen abspeichert, sollte seine Enttäuschung über sich und die Folgen stärker sein als die erneute Lust auf einen Biss.

3. Wenn es Sinn macht, die Emotionen ernst zu nehmen und sie in gewisser Hinsicht auszuagieren: In welcher Weise kann dies geschehen, um der Situation angemessen zu sein? Ein Schlag in die Magengrube wäre immer noch sinniger gewesen als zuzubeissen. Und zur Not liegen ja meistens ein paar weiche Kissen herum.

4. Und wenn Themen bedrängend werden, können wir sie immer noch gedanklich in eine Ecke stellen und von der Ferne betrachten, um so ein inneres Gleichgewicht wieder herzustellen und sich für dieses spezielle Thema mehr und langsamere Zeit zu nehmen? Da haben wir es: Tyson wurde für ein Jahr gesperrt. Eigentlich genügend Zeit zum nachdenken ...

---

77 Siehe Dambmann: Erfolgsfaktor Gehirn, S. 189

Behalten wir dabei im Hinterkopf, dass viele Emotionen, wenn sie zu mächtig werden, im übertragenen Sinne den Kopf (oder die Boxlizenz) kosten. Sie verengen die Sichtweise und machen es schwer, auf Umweltreize angemessen zu reagieren.

- Angst und Furcht lassen uns nur noch die negativen Aspekte eines Themas sehen. Sie reduzieren erwiesenermaßen unsere Lernleistungen. So sind wir insbesondere bei Angst kaum noch fähig, einen Schritt vor den anderen zu setzen. Nach der Attribuierungstheorie von Seligman führen ängstliche Menschen Erfolge stärker auf äußere Ursachen oder den Zufall zurück, während sie Misserfolge eher auf die eigene Unfähigkeit beziehen. Durch diesen Teufelskreis scheint jede Entscheidung sinnlos, da sie ohnehin am Status Quo nichts ändert. Angst und Furcht sind nur rückwärts gerichtet. Sie behindern neue Erfahrungen, den Ausbau der eigenen Kompetenzen oder der Selbstverwirklichung. Ängstliche Menschen tendieren entsprechend zu Sicherheit und extremer sozialer Zugehörigkeit. Die defensive Reduzierung von Stress ist die oberste Devise.
- Wut lässt uns nur noch die negativen Reize sehen, die uns offensichtlich ärgern wollen.
- Zorn lässt uns unbeirrt unseren Weg gehen. Ob es andere sinnvollere Seitenwege gibt? Dafür sind wir in diesen Momenten wenig offen.
- Trauer lässt uns durch all die Tränen hindurch auf die Welt wie durch einen tristen nebligen Schleier sehen. Alles hat sich gegen uns verschworen. Auswege sind nicht in Sicht. Und wenn, würden wir sie mit der typisch-zusammengekauerten Haltung ohnehin nicht wahrnehmen.
- Und dass Liebe blind macht, haben wir hoffentlich alle schon einmal am eigenen Leib erfahren.

Das gleiche gilt ebenso für die daraus entstehenden sozialen Emotionen.

**Wie stark sollten Emotionen sein?**

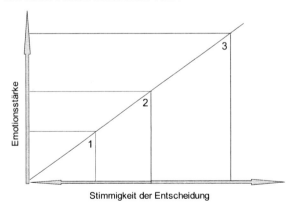

Die Grafik verdeutlicht den Zusammenhang zwischen der Stärke einer Emotion und der Stimmigkeit einer Entscheidung:

1. Wenn unsere emotionale Beteiligung oder Einstellung zu einem Thema oder in

einer Situation eher niedrig ist, macht es wenig Sinn, einen größeren Aufwand anzustreben. Anscheinend berührt uns das Thema nicht wirklich. Interessant wird dies bei Entscheidungen, die wir treffen müssen, obwohl wir nicht hinter dem Thema stehen. Es sollte klar sein, dass wir wenig Schlagkraft in unseren Argumenten haben, wenn wir nicht wirklich hinter einer Entscheidung stehen. Von hier aus als Klienten-Mensch auf Punkt 2 – als Ziel – zu kommen ist eher unwahrscheinlich.

2. Wenn eine emotionale Beteiligung bis zum fiktiven Punkt 2 ansteigt, wird unsere Entscheidung stimmig. Wir stehen mit unseren Emotionen hinter der Entscheidung.

3. Wenn die Emotionen noch stärker werden, schlagen sie um in Blindheit. Egal ob Wut, Trauer, Liebe, Ekel, Angst oder die sozialen Weiterentwicklungen: all diese Emotionen behindern uns in einer objektiven Entscheidungsfindung, wenn wir zu viel davon abbekommen. Dies kann auch dadurch passieren, dass wir zu viele verwirrende Optionen in Entscheidungen haben. Letztendlich werden wir dadurch entscheidungsunfähig. Hier hilft ein zeitlicher oder räumlicher Abstand, um wieder zu Punkt 2 zu kommen. Und natürlich die Reduzierung aufs Wesentliche.

Um emotionalen Ausrutschern bereits im Vorfeld oder auch währenddessen die Kraft zu nehmen hilft eine Orientierung an folgenden Fragen:

- Um welche Emotion handelt es sich?
- In welchen Situationen taucht diese Emotion bevorzugt auf? Ist dies eine Situation mit der Sie eher gut zurechtkommen oder eher nicht?
- Wie stark ist das Gefühl (z.B. Besorgnis, Angst oder Schrecken)?
- Welche somatischen Marker haben sich dazu eingestellt?
- Ist die Entstehung der Emotion nachvollziehbar? Analysieren Sie die Entstehung der Emotion. Wie haben Sie die Situation interpretiert? Handelt es sich um eine Stimmung oder eine Emotion?
- Legen Sie sich mit dem Wissen um positive Körperhaltungen ein Repertoire zu, dass Ihnen eine weitere, offenere Sicht auf die Situation erlaubt. Überprüfen Sie, ob diese Haltung auch wirklich zur Situation passt. Sollte in der Situation tatsächlich Trauer, Wut oder Angst angebracht sein, so empfiehlt es sich, diese Gefühle und Körperempfindungen nicht einfach umzupolen, sondern besser auf einer Skala von 0-10 von einem höheren Wert (sehr intensive Emotion) auf einen niederen Wert (weniger intensive Emotion) zu reduzieren. Was ist für die einzelnen Sprünge nötig?
- Stellen Sie sich eine konkrete Situation vor, in der Sie die Emotion empfinden. Was muss passieren, damit Sie die Emotion in voller Stärke empfinden? Wie können Sie die Situation anders interpretieren? Wie sieht Ihr Gegenüber die Situation? Wie können Sie anders reagieren?

## Für Therapeuten-Menschen

Neurobiologisch ließ sich nachweisen, dass Stress das gerade für die Intuition so wichtige Resonanz- oder Spiegelneuronen-Phänomen behindert. Die Signalrate unserer Wahrnehmung wird reduziert. Ein empathisches Einfühlen in andere ist unter großem Druck kaum noch möglich. Ebenso kann unter solchen Bedingungen auch kein sinnvoller Response stattfinden, d.h. eine Aussage des Therapeuten-Menschen über den erfüllten

Zustand des Klienten-Menschen. Dieses Erfühlen ist erst möglich, wenn der Therapeuten-Mensch selbst frei ist, mit dem Klienten-Menschen mitzuschwingen, d.h. wenn er selbst genügend Freiraum hat.

Stress hindert Berater-Menschen daran, kreativ zu sein. Er verhindert, beispielsweise durch ein Gefühl der Angst, eine ratsuchende Person angemessen zu begleiten, da dann die Fähigkeit, das eigene Erleben (die Angst) vom Resonanz-Erleben (die Empathie für den Klienten-Menschen) zu trennen nicht mehr vorhanden ist. Dabei ist genau diese Fähigkeit, sich in andere einzufühlen im Focusing-Prozess so immens wichtig, da es hier um das Erspüren des nicht-sichtbaren, impliziten Erlebens des Klienten-Menschen geht. Diese Resonanzphänomene werden neurobiologisch mit Hilfe der Spiegelneuronen erklärt.

Spiegelneurone repräsentieren die gleichen oder sogar dieselben Gefühle in uns, die wir bei anderen beobachten. Dies kann bis zu einem ausgeführten Verhalten (z.B. Gähnen) oder sogar einer eigenen Absicht oder Handlung führen ("das will ich auch haben"). Dabei laufen in unserem Gehirn enorm komplexe Programme ab.

Untersuchungen rund um das Spiegelneuronen-Phänomen stellten ferner fest, dass eine Person einen Schmerz gar nicht selber erfahren muss, um ihn zu empfinden bzw. die entsprechenden Zentren im Gehirn zu aktivieren: es reicht, wenn sie eine andere Person sieht, der ein Schmerz zugefügt wird.

Sie versetzt sich dann in die Lage dieser Person und spürt nach, was sie in diesem Falle empfinden würde. In anderer Form wurde dieses Phänomen bereits Ende der 60er Jahre von Albert Bandura mit dem Prinzip des Modell-Lernens erklärt:

## *Exkurs: Die sozialkognitive Lerntheorie nach Albert Bandura*

Menschen lernen auch, wenn Sie andere oder sich selber – in früheren Situationen – als Modell betrachten. Bei mentalen Simulationen ist dieses Lernen nach innen gerichtet, wobei ich in Anlehnung an Bandura zwischen Lernen als kreativem Prozess, d.h. als Anpassungsleistung bzw. Variation von bereits erlebten Abläufen einerseits und dem mentalen Testen bekannter Wege andererseits unterscheide.

Durch Beobachtungslernen wird nicht nur neues Verhalten gelernt, sondern auch erworbenes Verhalten gehemmt, gefördert oder dessen Ausübung erleichtert. Dadurch wird die Auftretenswahrscheinlichkeit von bestehendem Verhalten verändert.

Das Lernen am Modell kennt drei Lerneffekte:

- Den modellierenden Effekt – durch Beobachtung wird neues Verhalten gelernt.
- Den auslösenden Effekt – das Modellverhalten entspricht dem bereits vorhandenen Verhalten des Beobachters. Durch die Beobachtung wird das Verhalten lediglich ausgelöst. Ein Beispiel: ein Schüler möchte bei einer Klassenarbeit von seinem Nachbarn abschreiben, macht dies jedoch nicht, weil er den neuen Lehrer noch nicht einschätzen kann. Er beobachtet nun, wie ein Klassenkamerad vor ihm munter abschreibt. Daraufhin beginnt er ebenso damit.
- Der hemmende oder enthemmende Effekt – durch die Beobachtung sinkt oder steigt die Hemmschwelle für bereits angelegte oder angedachte Verhaltensweisen. Dies wird durch die Abwesenheit jeglicher Einschränkungen bzw. externen Sanktionen erreicht. Umgekehrt kann aber auch durch die Beobachtung von Verhaltenskonsequenzen ein grundsätzlich im Verhaltensrepertoire befindliches Verhalten unterdrückt werden. In Verbindung mit dem Wissen aus der Motivationspsychologie heißt dies: Ein mögliches Verhalten wird in Gedanken

getestet und bei Erfolg aufgrund einer Erhöhung der Eintretenswahrscheinlichkeit – auch aufgrund einer Aktivierung durch das Phänomen sich selbst erfüllender Prophezeiungen – in die Realität umgesetzt.

Die Erkenntnisse des Modell-Lernens werden ergo ebenso durch das Resonanzphänomen bestätigt: ein eigenes Durchspielen oder Beobachten muss bis zum Ende gehen. Nur so kann es aus neurobiologischer Sicht korrekt abgespeichert werden. Und in einem Nebenprodukt wird hierbei auch noch einmal klar, in welcher Art und Weise zu Beratende etwas Neues lernen, um sich weiterzuentwickeln.

Hinzu kommt die körperliche Aktivierung durch diese mentale Simulation: das Schattenboxen vor dem Fernseher, das uns auch körperlich auf die Situation einstimmt. Und genau dies tut Therapeuten-Mensch im Focusing, um seine eigenen Resonanzphänomene in Gang zu bringen: Er spielt sein Gegenüber auf verschiedenen Ebenen nach bzw. bereitet sich bereits im Vorhinein körperlich und mental auf die Beratung vor.

Eine Grundbedingung dazu ist die Fähigkeit, sich in andere Menschen hineinzuversetzen – letzten Endes im Begriff der Empathie zusammengefasst. Empathie befähigt Sie, in einer Situation intuitiv zu verstehen, was andere denken oder besser, was sie für ein Gefühl haben zu dem was sie denken bzw. sagen.

Was heißt es, sich in andere hineinzuversetzen?

- Sie befinden sich in einem Zustand interessenloser Neugier,
- sind frei von Vorurteilen und Zwängen.
- Wahrgenommenes wird unsortiert aufgenommen, d.h. es wird noch nicht nach Brauchbarkeit oder Wichtigkeit unterschieden – wie ein Beobachter, der selber nicht involviert ist.
- Dadurch werden möglichst viele Details gleichberechtigt abgespeichert und erst später sinnvoll verknüpft.
- Achten Sie auf das Körper-Verhalten Ihres Gegenübers an. Docken Sie mit Ihrem Körper an die fremden Körperbewegungen an. Machen Sie die Mimiken, Gesten und Regungen nach, um sich auf Ihr Gegenüber einzustimmen.
- Hören Sie genau zu, was Ihr Gegenüber sagt. Warten Sie, bis Ihr Gesprächspartner zu Ende gesprochen hat, bevor Sie über Ihre Antwort nachdenken. Gönnen Sie sich die Zeit und Ihrem/r PartnerIn den Respekt.
- Achten Sie auf die Sätze Ihres Gegenübers. Wo setzt er seine Betonungen? Wie ist der Tonfall? Was ist ihm wichtig?
- Eignen Sie sich eine eigene reichhaltige Gefühlswelt an, um die äußere Welt im inneren Spiegel wahrzunehmen und somatische Marker von anderen intern zu spüren[78].

Klaus Renn spricht in diesem Zusammenhang vom Übergang des inneren zum äußeren Erlebensraum. Hier stellt sich die Frage, inwieweit wir fähig (oder willig) sind, innerhalb einer bestimmten Situation, eine bestimmte Person zumindest annähernd zu verstehen. Inwieweit können (und dürfen) wir in den inneren Erlebensraum unseres Gesprächspartners hineinsehen? Unter der Vorraussetzung des 'Ja' und wenn Sie nicht gerade einen Borderline-Patienten haben, pendeln Sie zwischen dem eigenen

---

78 D.h. weniger Fernsehen, mehr Action!

Erlebensraum und dem der anderen Person hin und her.

Ihre Körper-Grundeinstellungen

Was für Ihre mentale Einstellung gilt, lässt sich auch auf Ihre körperlichen Einstellungen übertragen. Es ist erwiesen, dass Sie mit einer offenen Körperhaltung mehr Informationen aufnehmen als mit einer geschlossenen. Die Regeln hierfür sind sehr einfach:

- Halten Sie Ihren Mund leicht geöffnet oder locker geschlossen.
- Stellen Sie Ihre Augen und Ohren auf 'Neugier'.
- Richten Sie Ihren Kopf aufrecht in Richtung der Informationsquelle.
- Nehmen Sie eine gerade, weder zu steife, noch zu lockere Ganzkörperhaltung ein.
- Breiten Sie (leicht) Ihre Arme aus. Öffnen Sie die Hände und drehen die Handflächen nach vorne, wie wenn Sie etwas geben oder freudig entgegennehmen. Lassen Sie dabei Ihre Arme evtl. leicht nach unten hängen. Lassen Sie etwas Luft zwischen Ihren Armen und Ihrem Rumpf.
- Nehmen Sie einen lockeren, aber geraden Stand ein oder halten Ihre Beine im Sitzen leicht geöffnet.

Wenn Sie zwischendurch die Körperbewegungen Ihres Gegenübers nachspüren, gehen Sie in den 'Pausen' immer wieder zurück zu Ihrer Ausgangsstellung.

Wie reagieren Sie folglich auf die folgenden Informationen, wenn Sie sich dermaßen ganzheitlich gebrieft haben?

- Denken Sie an starke 'Sprüche' wie "Aber ich will auch wichtig sein!",
- an typische Körpersensationen oder -bewegungen wie das Ballen und Schütteln einer Faust oder
- das Bild eines Bootes mit zerrissenem Segel in stürmischer See.

Für jede und jeden von uns hat all dies unterschiedliche Bedeutungen. Doch oftmals gibt es auch kollektive Bedeutungen z.B. kultureller Prägung. Dadurch steigt die Möglichkeit einer Annäherung von Klienten-Mensch und Therapeuten-Mensch. Genau hier hat auch die Fähigkeit zum Response ihren Grund. Der Therapeuten-Mensch spürt in sich, als Resonanzkörper, etwas aufsteigen – z.B. ein Bild oder eine Bewegung – das zum Prozess der zu beratenden Person passt wie eine Art Mosaikstein. Dieses Mosaiksteinchen könnte ebenso von dem Klienten-Menschen kommen, doch eventuell spürt er dies noch nicht. Nun verstärkt sich der Therapeuten-Mensch selbst und die zu beratende Person, indem er seinen Spiegelneuronen durch gezielte gespiegelte Inputs (i.d.R. über Embodiment und Sprache) noch einmal Futter gibt und fungiert dann als verlängerter Körper des Klienten-Menschen, indem er ausspricht, was sein Gegenüber selbst noch nicht weiß, jedoch in einem nächsten Schritt für sich annehmen kann oder auch nicht. Denn:

1. der Therapeuten-Mensch ist schließlich nicht allwissend und
2. kann die Bedeutung u.a. von Bildern, Körperwahrnehmungen und 'Sprüchen' individuell sehr unterschiedlich sein.

## Für Klienten-Menschen

Wie bereits eingangs dargestellt kann ein Focusing-Prozess als ein Setting betrachtet werden, bei dem ein Therapeuten-Mensch über einen Klienten-Menschen wacht und dieser seinem Therapeuten-Menschen vertraut, wodurch das Triumvirat Oxytozin, Dopamin und Opioide ausgeschüttet wird. Dies allein bewirkt natürlich schon einiges hinsichtlich möglicher Schmerzen und Ängste des Klienten-Menschen. Gefördert werden kann dieses 'Well-Being' nicht nur durch das neugierige und offene Zuhören des Therapeuten-Menschen, sondern auch durch ein allgemein freundliches Setting: Eine Tasse Tee, eine Decke, um sich 'einzukuscheln', Taschentücher für den Fall der Fälle usw. Neurobiologisch wurde nachgewiesen, dass all dies dazu führt, dass neben der Ausschüttung der bereits erwähnten Botenstoffe zusätzlich das Stresshormon Cortisol zurückgeht.

Wie bereits gesehen wirkt sich Stress negativ auf Berater-Menschen aus. Ebenso schwer tut sich natürlich eine ängstliche und gestresste Person damit, sich zu öffnen. Berater-Menschen werden hier kaum einen Zugang finden, um zu helfen. Es ist, als ob die Tür zu den impliziten Inhalten verschlossen wurde.

Stress führt u.a. zu folgenden Phänomenen:

1. Tunnelblick: Wir sehen nur noch, was wir sehen wollen.
2. Denkblockade: Wir 'denken' nur noch in Flucht- oder Angriff-Kategorien, um Energie zu sparen. Alles andere bleibt außen vor. Meist ist der ...
3. Fluchtdrang stärker als der Drang anzugreifen. Dies hängt allerdings von der Einschätzung der eigenen Kapazitäten und Fähigkeiten ab.
4. Verdauungsblockade: Etwas liegt uns schwer im Magen.
5. Grobmotorik: Unser Körper wird fahrig und unkontrolliert, einhergehend mit Zittern oder groben Handbewegungen.

Dies verhindert neuronale Verknüpfungen. Klienten-Menschen werden dadurch blockiert und können nicht mehr in mehrere Richtungen denken. Es fehlt Ihnen die Freiheit und die Kreativität, über die gewohnten Denk-Kreise hinauszukommen.

Doch auch bei bereits vorhandenem Stress, also Stress, den Klienten-Menschen aus ihrem Alltag mit in die Therapie oder Beratung bringen, helfen Psychotherapien[79], z.B. gegen Depressionen, bereits bestehende Tumore oder zur Stärkung des Immunsystems, das unter Stress geschwächt wurde. Auch hier können eingeübte Freiräume helfen, die über die Therapie hinausreichen, um neue Bahnen zu legen bzw. neue Wege zu gehen.

Dass Stress kurzfristig Sinn macht ist bekannt. Bedenklich wird es, wenn Stress zu einer Dauereinrichtung wird. Eigentlich dürfte dies gar nicht passieren, wenn der Hippocampus richtig arbeitet.[80] Wir erinnern uns: Der Hippocampus ist für die kognitive Einschätzung der Lage zuständig. Hier wird abgewogen, ob eine Situation einer alten Situation so sehr gleicht, dass wir z.B. vor Angst in Schweiß baden sollten oder schlimmeres. In Studien wurde nachgewiesen, dass dauerhafter Stress tatsächlich den Hippocampus schädigt, ihn sogar schrumpfen lässt und so unser Gedächtnis beeinträchtigt oder sogar verfälscht. Dies erklärt letztlich auch unser schlechtes Gedächtnis während Prüfungen.[81]

---

79 Siehe Bauer: Das Gedächtnis des Körpers, S. 115ff
80 Siehe Ledoux: Das Netz der Persönlichkeit, S. 366ff
81 Dem Gehirn wird durch Stress die Glucose zum Denken entzogen.

Der Psychologe Burkhard G. Busch unterscheidet drei wichtige Komplexe als Auslöser für Stress[82]:

1. Reizüberflutung.
2. Kontrollverlust bzw. eingeschränkte Handlungsmöglichkeiten.
3. Keine Möglichkeit die eigenen Werte, Bedürfnisse und Motive zu verwirklichen, z.B. aufgrund von Hierarchien und Machtspielen.

In dem Moment, in dem alle diese Faktoren gleichzeitig auftauchen, befinden wir uns – so Burkhard – im Megastress. Diese Unterteilung ist von daher interessant, da sie Therapeuten-Menschen die Möglichkeit gibt, bei ihrem Gegenüber darauf zu achten, nur eine Art des Stresses hervorzurufen oder anders formuliert: Eine Art des Stresses isoliert zu betrachten, um zu lernen, damit umzugehen. Auf der anderen Seite kann ebenso gezielt fragen werden, unter welchen Faktoren eine Person, die Stress empfindet am meisten leidet: Der Überflutung, dem Kontrollverlust oder den nicht verwirklichten Motiven?

---

82 Siehe Busch: Denken mit dem Bauch, S. 69ff.

## 11 Bewusstsein und Selbstbild in den Neurowissenschaften und im Focusing

Bewusstsein und Un-Bewusstsein spielen in den meisten Therapien eine große Rolle. Was tun wir oft unbewusst, das wir eigentlich nicht wollen? Wie leiten uns Gefühle und Motive, ohne dass wir davon Notiz nehmen? Und wie kann ein Therapeuten-Mensch das Bewusstsein des Klienten-Menschen so 'instruieren' oder zumindest zugänglich machen, dass es eine gute Kontrolle über die eigenen Handlungen (wieder) erlangt?

In der Neurobiologie heißt es: Uns wird etwas dann bewusst, wenn es wichtig genug ist und wenn es neu ist, sodass wir noch über keine entsprechenden Handlungsprogramme verfügen.[83] Doch dass diese einfache Formel der Wirklichkeit oft nicht gerecht wird, sollte uns allen klar sein – auch wenn der Fehler vielleicht woanders liegt: Vielleicht setzen wir manchmal die falschen Maßstäbe an, was für uns eine Bedeutung hat oder was eine Bedeutung haben sollte. Dennoch ist die Unterscheidungen zwischen wichtig und unwichtig sinnvoll, denn: Das Gehirn benötigt ohnehin schon einiges an Energie.[84] Da ergreift es gerne die Gelegenheit, ein wenig Strom durch automatische Abläufe zu sparen. Doch sollte dies nicht so sein, sprich: Sollte der Organismus über keine Handlungsroutine verfügen, um eine Situation zu meistern, wird das Bewusstsein eingeschaltet. Unbewusst geht es nur um die Abwehr von Bedrohungen, und dies schnell. Bewusst geht es um Weiterentwicklungen des Handlungsrepertoires.[85]

Das Selbst-Bewusstsein, d.h. das Bewusstsein des Gehirns über die Vorgänge im Körper, dient laut Damasio ferner der bewussten homöodynamischen Regulation der Körperfunktionen bzw. einer angemessenen Reaktion des Körpers auf Umwelteinflüsse.[86] Das Gehirn nimmt so wahr, wie es unserem Körper geht, ob er beispielsweise etwas zu Essen braucht oder ob ihm eine Gefahr droht. Gleichzeitig kann sich das Gehirn vorstellen, wie es ist, wenn der Organismus in die eine oder andere Situation gerät. Er visualisiert sich und die Situation und fühlt sich in die Situation hinein.[87] Denken wir an den Satz von Gendlin: "Der Körper ist in der Situation und die Situation ist im Körper". Je nachdem, wie diese Visualisierung im Kopf ausgeht, positiv oder negativ, verspürt der Körper Erleichterung oder Anspannung und weiß dann, was zu tun ist. Durch diese Vorwegnahme der Zukunft erleichtern wir uns von den oftmals erdrückenden Eindrücken der Gegenwart. Die Befürchtungen der Ersteindrücke werden abgeschwächt und schaffen so Raum für Neues, d.h. für die Vorstellung eines positiven Ausgangs.

Erst durch diese Vor-Stellung konnte sich der Mensch evolutionär weiterentwickeln. Denn: Andere Lebewesen hatten bereits zuvor – und haben auch heute – eine Art Bewusst-Sein. Jedoch war und ist dieses Bewusstsein direkt im Hier und Jetzt verankert. Der Mensch jedoch kann mit Hilfe mentaler Simulationen (vgl. Kapitel 5) und mit seiner inneren Wahrnehmung Vergangenes hinzunehmen und sich auf dieser Grundlage die Zukunft vorstellen.

---

83 Siehe Roth, S. 81
84 Gehirn und Darm benötigen die meiste Energie eines Organismus. Lertztendlich hat sich der Mensch auch zum Fleischfresser entwickelt, weil Fleisch in der Regel leichter verdaulich ist als Pflanzen, wodurch wir mehr Energie in den Kopf fließen lassen können (vgl. Spitzer: Nervenkitzel, S. 30). Natürlich gilt dies nicht pauschal und ist evolutionär zu betrachten, aber wenn wir Geflügel, Fisch oder Lamm mit Salat, Kohl oder Bohnen vergleichen ist das Gemüse eindeutig schwerer verdaulich.
85 Siehe Dambmann: Erfolgsfaktor Gehirn, S. 164f
86 Detailliert nachzulesen in Damasio: Ich fühle also bin ich.
87 Laut Joachim Bauer in 'Das Gedächtnis des Körpers' (S. 40) ist der frontale Cortex für die Antizipation der Zukunft zuständig.

Damasio sagt dazu:"Das Bewusstsein ermöglicht die Verknüpfung zweier disparater Aspekte ... – der internalen Lebensregulation (im Sinne der Homoödynamik) und der Vorstellungskraft"[88] und befähigt so den Menschen, in Gefahrensituationen dank kreativen Denkens und sinnvollen Einfühlens zu überleben und sich langfristig weiterzuentwickeln. Damasio an anderer Stelle:"Nach meiner Überzeugung ist ein Schlüsselaspekt der Selbst-Entwicklung das Gleichgewicht zweier Einflüsse: der gelebten Vergangenheit und der antizipierten Zukunft"[89]. Dies bedeutet: Wir sollten im Reinen sein mit dem was war, um bereit zu sein für das was kommt bzw. das, was wir uns darunter vorstellen und was wir planen.[90] Dieses Planen hängt laut Daniel Gilbert mit unserem Frontal- oder Stirnlappen zusammen.[91] Dort sind – zusammen mit der Amygdala – auch unsere Ängste zu verorten. Der spannende Zusammenhang, der sich hierbei ergibt lautet: Wenn wir planen, sind wir schnell dabei, uns Sorgen um die Zukunft zu machen. Patienten mit einem verletzten Frontallappen, z.B. aufgrund eines Unfalls, verspüren oftmals keine Ängste, wissen aber auch keine Antwort auf Fragen nach ihrer Zukunft.

Erst die Bewusstmachung unserer Emotionen (aber auch aller anderer möglicher Modalitäten) ermöglicht dem Selbst und damit seinem Organismus, sich weiterzuentwickeln. Carl Rogers – in dessen Tradition Gendlin sich befindet – sagte dazu: unser Selbst bezeichnet ein bewusstes Verständnis dessen, was unser Wesen in unserem unbewussten Kern ausmacht. Erst durch diese Bewusstmachung können wird gezielt an uns arbeiten. Und genau dies passiert ja in Beratungen und Therapien: Die beratende Person beschäftigt sich konstruktiv und bewusst mit ihren Problemen, anstatt sich immer wieder im Kreis zu drehen.

Die 'Emotion' einer Amöbe könnte auch ohne Bewusstheit dazu führen, auf ein feindliches Umfeld zu reagieren. In diesem Sinne greifen Emotionen regulierend in den Organismus ein – beim Menschen mindestens als Auseinandersetzung mit dem, was uns hindert, ein Verhalten oder eine Reaktion zu zeigen. Doch das Bewusstsein des Menschen geht einen Schritt weiter, indem es unsere Umwelteinflüsse reflektiert, die aktuellen genauso wie die vergangenen. Dadurch ist unser autobiographisches Selbst in der Lage, Reaktionen und Handlungen vorauszuplanen, um auch in Zukunft eine sinnvolle Homöodynamik herzustellen, quasi die Homöodynamik 2.0.

Und genau dies ist ebenso ein Ziel im Focusing: Erst durch die Bewusstmachung unseres oft unbewussten Selbstes bekommen wir die Chance, das Abgespeicherte zu überprüfen und gegebenenfalls neu zu bahnen, um uns weiterzuentwickeln. Erst durch die Sicht auf das Ganze, ausgehend von vielen einzelnen Mosaiksteinen (verschiedenen Modalitäten und denselben Modalitäten an unterschiedlichen Stellen im Gehirn) hin zu dem Gesamtbild, verhindern wir eine Überbetonung eben jenes ersten Mosaiksteinchens und kommen so zu einer ganzheitlicheren und realistischeren Sichtweise der Dinge.

Dabei gilt: Wenn wir uns ein Objekt oder eine Tätigkeit auch nur vorstellen, werden alle abgespeicherten Sinne, die motorischen Bewegungen und insbesondere die dazugehörigen Emotionen wieder abgerufen. Wie in einer Kettenreaktion folgt auf ein Bild eine Emotion, ein Geräusch, ein Ausspruch, eine Idee und bisweilen auch ein Geschmack oder ein Geruch. Dadurch bekommen wir eine komplettes Bild von uns in der Vergangenheit, das wir im Hier und Jetzt spüren, um es visualisiert mit in die Zukunft zu nehmen. Um uns darum bewusst zu kümmern, benötigen wir ein Selbst-Bewusstsein.

---

88 Siehe Damasio: Ich fühle also bin ich, S. 39
89 ebd., S. 271
90 Siehe Roth, S. 34
91 Siehe Gilbert: Ins Glück stolpern, S. 41

Laut Damasio[92] besitzen wir drei verschiedene Stufen eines Selbst-Bewusstseins[93]:

Das Protoselbst bezeichnet das unbewusste Gedächtnis und das unbewusste Reagieren einer Zelle auf Außeneinflüsse. Auf dieses Selbst haben wir keinen Einfluss, was sich leicht an einem Beispiel verdeutlichen lässt: wenn wir uns schneiden, reagieren unsere Zellen automatisch gemäß eines feststehenden Reparaturprogramms. Ebenso kann dies auch mit Emotionen im Sinne der Homoödynamik passieren, wenn wir z.b. auf einen zynischen Spruch gegen uns wütend werden.

Dabei haben unsere Zellen sogenannte Schwankungsbreiten. Dadurch ist es möglich, eine Zelle – wohlgemerkt eine einzelne Zelle – eine Zeit lang unter Druck zu setzen, sodass die Zelle sich selbst bis an ihre Grenze anpasst ohne zu 'zerplatzen' und ohne dass dies von außen bemerkt wird. Dies erinnert an die Vorstellung eines Menschen, der ständig auf einer Grenze agiert und so dauerhaft unter Strom steht, als ob seine Zellen bis aufs Äußerste gereizt sind. Dieses Selbst besitzt jedes Lebewesen, das darauf angelegt ist, zu überleben – nicht unbedingt sich weiterzuentwickeln. Die untereinander zusammenhängenden neuronalen Muster der einzelnen Zellen des Protoselbst werden in jedem Augenblick im Gehirn repräsentiert, sind uns jedoch – wie gesagt – nicht bewusst.

Auf einer höheren Ebene gibt es das Kernselbst (oder auch Körper-Selbst, vgl. Kapitel 4). Roth bezeichnet dies als Aktualbewusstsein, welches das sinnliche, nach innen und außen gerichtete Erleben des Körpers bewusst wahrnehmbar macht. Dieses Selbst wird uns dann bewusst, wenn unser Organismus bzw. das Protoselbst in Kontakt mit Objekten (Menschen, Gegenständen) gerät und sich dadurch verändert. Das Kernselbst ist uns bewusst. Es erzählt uns quasi eine Geschichte ohne Worte, die dann jedoch schnell zumindest zu einem Teil intern in Sprache übersetzt wird. Es lässt sich vermuten, dass diese Geschichten vom limbischen System oder der Amygdala kommen.[94] Doch da diese nicht reden können, benötigen Sie einen Übersetzer: Den Cortex. Unbewusst heißt also in diesem Sinne nicht einfach "nicht bewusst", sondern vielmehr "nicht verstanden"!

Wie Daniel Gilbert anschaulich darstellt sind die Begriffe Erfahrung und Bewusstsein deutlich voneinander zu trennen: Was wir erfahren und erleben, kann sich sehr wohl auch unbewusst in unserem Erfahrungsgedächtnis abspeichern. Dennoch können wir uns diese Ereignisse zu einem späteren Zeitpunkt bewusst machen. Das passiert u.a. wenn wir tagträumend Zeitung lesen, dies bemerken, uns denken, dass wir eigentlich nichts von den Inhalten der Texte mitbekommen haben und später merken, dass wir den Artikel doch irgendwie unbewusst gelesen haben.[95]

Diesem Selbst lassen sich verschiedene Ich-Zustände zuordnen, die in verschiedenen Gehirnregionen beheimatet sind, z.B. die Wahrnehmung des eigenen Körpers, die Wahrnehmung des Organismus in Interaktion mit der Umwelt, Bedürfniszustände wie Hunger, Durst oder Müdigkeit oder das Gewahr-Werden eines Gefühls.

Damasio oder Roth werden nicht ganz so deutlich, doch im Prinzip ist es klar, was sie meinen: Unser Kernselbst oder unser Aktualbewusstsein erzählt uns (oder einem Focusing-Begleiter) auf nonverbale Art das, was in unserem Organismus gerade stattfindet, d.h. mittels Mimik, Gesten, Körperhaltungen, Tonfall, Stocken, Stottern, Gähnen usw. Da das, was unser Bewusstsein mehr oder minder direkt in Sprache übersetzt, bleibt, wie von Gendlin beschrieben, unvollständig.

---

92 ebd., Anmerkung: Die Einordung der drei Bewusstseinsstufen nach Damasio sind keine bestätigten Fakten, sondern Vorschläge, wie ich meine jedoch sehr plausible Vorschläge, die auch gut in das Focusing-Konzept passen.

93 Andere Neurowissenschaftler wie Ledoux oder Roth greifen auf andere Bezeichnungen zurück und nehmen andere Unterscheidungen vor. Ich werde diese im folgenden Text soweit es geht einarbeiten .

94 Siehe Roth, S. 278ff

95 Siehe Gilbert, S. 112ff

Folglich müssen nonverbale Signale der Vollständigkeit halber 'den Rest übernehmen'.

Ebenso können Fehlinterpretationen dessen passieren, was wir, kulturell und individuell geprägt, unter dem Auftreten eines wahrgenommenen Gefühls oder einer Körperempfindung verstehen. Auch diese Fehlinterpretationen gilt es umzuprägen. Denn vielleicht deuten wir schon eine ganze Weile unsere Emotionen auf die 'falsche' Weise, d.h. auf eine Weise, die uns auf Wege führt, die zwar verlässlich ausgetreten sind, sodass wir einfach davon ausgehen, dass sie passen müssen. Doch in Wirklichkeit führen uns diese Abzweigungen immer wieder auf dieselben Holzwege.

Und schließlich gibt es noch das, was die meisten Menschen mit dem Begriff des Bewusstseins eigentlich in Verbindung bringen: das autobiographische Selbst. Dieses Selbst sammelt alle Momentaufnahmen des Kernselbst im autobiographischen Gedächtnis, um bei Bedarf darauf zuzugreifen. Dadurch wird jeder einzelne Augenblick mit der Gesamtheit aller Augenblicke eines Lebens verknüpft. Roth bezeichnet dies als Hintergrundbewusstsein, welches das aktuelle Erleben vor dem Hintergrund des biographischen Ichs sowie in Raum und Zeit einordnet. Hier kommt alles zum tragen, was uns manchmal bewusst ist, doch so manches mal auch nicht: Wünsche, Träume, Hoffnungen, Erwartungen, Voreinstellungen, Wahrnehmungsfilter, Motive, Ideen oder Gefühle.

Nancy Cantor und Hazel Markus bezeichnen das Kernselbst und autobiographische Selbst als Arbeitsselbst. Ein Selbst, das dynamisch und statisch zugleich das wiederspiegelt was wir in verschiedenen Momenten unseres Lebens sind und was wir werden wollen.[96] Der Begriff des Arbeitsselbstes ist auch für Focusianer nicht ohne Sinn, da im Focusing mit beidem gearbeitet wird: Mit dem Kernselbst, das sich – wie dargelegt – auf nonverbale Art äußerst und mitteilt, was der Organismus im Hier und Jetzt erlebt und empfindet, sieht, fühlt, riecht, hört und schmeckt, und dem autobiographischen Selbst, welches die Verbindung dieses Jetzt-Empfindens zu unserem autobiographischen Wissen und unseren persönlichen Erfahrungen herstellt und somit auch die sprachlich-kognitive Komponente ins Spiel bringt.

Auch diesem Selbst lassen sich verschiedene Ich-Zustände zuordnen, die wiederum in anderen Gehirnregionen verortet werden, z.B. mentale Zustände wie Denken und Erinnern, das Erleben von Identität, die Autorschaft eigener Handlungen, die eigene Orientierung in Zeit und Raum, die Unterscheidung zwischen Wirklichkeit und Täuschung oder das Nachdenken über das eigene Ich.

Den Kern des autobiographischen Gedächtnisses bildet unser Erlebnis- oder Erfahrungsgedächtnis.[97] Aus diesem entsteht quasi zur Vereinfachung unser Wissensgedächtnis, das losgelöst von unseren Erfahrungen das Wissen bewusst macht und bereit hält, das wir kurz- und langfristig benötigen. Als Organisator dieses Gedächtnisses gilt der bereits bekannte Hippocampus. Roth sagt dazu: Der Hippocampus ist das "Tor zum Bewusstsein"[98].

Damit wird das Kernselbst zum fokussierten Teil eines Focusingprozesses: Ein Mensch denkt an ein 'Objekt', d.h. an ein Thema oder eine Situation. Dadurch werden – sofern es sich um ein persönlich relevantes Thema handelt – neurobiologisch alle dazu wichtigen Neuronen in ihm aktiviert. Nun wird im Focusing die Gesamtheit dieser neuronalen Muster im Kontakt zu diesem Objekt im Hier und Jetzt gesucht. Sprich: Es wird der felt sense gesucht, der sich im Kernselbst manifestiert.

---

96 Siehe Ledoux: Des Netz der Persönlichkeit, S. 336ff
97 Siehe Roth, S. 46
98 Siehe Roth, S. 48

Dieser felt sense ist laut Gendlin in jedem einzelnen Moment der Zugang zum Ich.[99] Das was uns ausmachen sind nicht unsere Rollen, Aufgaben, Themen, Geschlechter, Charaktermerkmale oder auch unsere einzelnen Gefühle. Es ist vielmehr diese oft zumindest zu Beginn diffuse Mischung des felt sense, des groben, der Intuition ähnlichen Gefühls eines "ich habe da so eine Ahnung"-Satzes. Dennoch sind wir nicht der felt sense: Unser Ich hat einen felt sense. Durch diesen Abstand wird es erst möglich, sich einem Thema zu nähern. Dabei sollte das Ich genügend Freiraum haben, um sich zumindest für einige Momente von allen Rollenvorstellungen und täglichen Aufgaben zu lösen, um sich so – losgelöst wie wir es aus einigen fernöstlichen Meditationsrichtungen kennen – wieder neu zu binden und neue neurologische Wege gehen zu können.

Dies beinhaltet eine der spannendsten Fragen, auf die jeder Mensch seine eigene Antwort finden sollte: Was bleibt von uns übrig, wenn wir all unsere Themen, Rollen und Anforderungen von außen hinwegnehmen? Was bleibt von unserem Ich (oder Selbst – die Begriffe werden oft synomym verwendet) übrig, wenn wir auch das, was wir momentan erleben, empfinden und denken – also den felt sense – abziehen? Was macht uns letztlich aus? Was für ein Mensch sind wir dann, wenn nichts mehr übrig ist?

Was uns zum nächsten Punkt bringt. Hinter dem Kernbewusstsein steht das autobiographische Bewusstsein. In diesem bzw. im autobiographischen Gedächtnis laufen alle neuronalen Verknüpfungen zu einem Thema zusammen.

Da wir oftmals – wie gesehen – Entscheidungen aufgrund von Wissen treffen, das losgelöst ist von unserem Erfahrungskontext, macht es Sinn, genau diesem Kontext durch Modalitätenwechsel und Fortsetzungsordnung auf die Spur zu kommen, um v.a. maladaptiv Gelerntes wieder umzubahnen. Zumal intensive oder sich oft wiederholende Erlebnisse sich so in unser Gedächtnis 'einbrennen', dass jede neue ähnliche Situation wieder in eine ähnliche Richtung interpretiert wird. Zudem wollen wir natürlich auch an das Hintergrundbewusstsein herankommen. Denn dort liegt der gesamte Mensch, oftmals ohne die genauen Details seiner Selbst zu kennen.

Damasio geht davon aus, dass das Kernselbst nach und nach zum autobiographischen Selbst wird. Ich denke, dass auch das autobiographische Selbst im jeweiligen Kernselbst zu finden ist. Denn so wie wir uns körperlich, geistig und emotional sehen, wie wir durch jeden Kernselbst-Moment unseres Lebens geprägt wurden, prägt dies letztlich auch unsere Kernselbst-Sicht. Wir realisieren unseren Organismus im Kontakt mit einem Objekt und 'deuten' aufgrund unseres autobiographischen Selbstes unsere Emotionen, Glaubenssätze, Sichtweisen und Körperempfindungen.

Vielleicht lässt es sich auch so formulieren: Das losgelöste, bereinigte autobiographische Selbst (Hintergrund-Bewusstsein) gleicht dem Ich von Gendlin, das in jedem einzelnen Moment des Lebens auf das Kernselbst, und somit auch auf den felt sense herabschaut, um zu sehen, inwieweit dies alles in sein Gesamtkonzept passt.

Grafisch verdeutlicht:

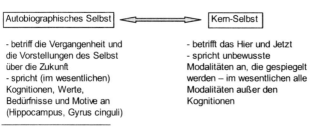

| Autobiographisches Selbst | Kern-Selbst |
|---|---|
| - betriff die Vergangenheit und die Vorstellungen des Selbst über die Zukunft<br>- spricht (im wesentlichen) Kognitionen, Werte, Bedürfnisse und Motive an (Hippocampus, Gyrus cinguli) | - betrifft das Hier und Jetzt<br>- spricht unbewusste Modalitäten an, die gespiegelt werden – im wesentlichen alle Modalitäten außer den Kognitionen |

99 Siehe Wiltschko (Hrsg.): Focusing und Philosophie, S. 134ff

## Ein Selbst genügt

Nach Damasio sollten wir nur ein Selbst haben, da wir ja auch nur einen Organismus haben. Und auch im Focusing gibt es nur ein Ich, auch wenn es verständlicherweise mehrere Anteile oder Personen in uns gibt, die um das eigentliche Ich kreisen. Bei all dem dürfen wir nicht vergessen, dass jeder Anteil von uns, z.B. ein inneres Kind, einmal ein ganz normaler Teil unseres Ichs war. Nur durch ungünstige Umstände wurde dieser Teil abgespalten, um eine ganz bestimmte Funktion zu erfüllen. So kann es passieren, dass unser Selbstkonzept mit Inhalten bedroht wird, die nicht in dieses Konzept integriert werden können. Unser Organismus reagiert dann, wie Rogers sagt, zuerst mit Angst, eventuell auch mit Wut, oder einer anderen sich zurückziehenden oder sich verteidigenden Emotion. Später kann dies zu Verdrängungen führen.[100]

Wenn wir an die Homöodynamik denken heißt dies: Unser Körperwarnsystem wird willentlich ausgeschaltet. Der Organismus verbietet sich selbst, Angst zu haben, um sich eine Realität vorzuspielen, die so nicht stimmt, jedoch für ihn besser verkraftbar ist. Irgendwo müssen diese Erfahrungen dennoch abgespeichert werden. Doch offensichtlich gelten für all inneren Kinder nicht die Regeln der Homöodynamik oder die Zellen dieser Kinder sind dehnbarer als unser Rest-Ich.

Letztlich gilt es, diese Anteile, sollten sie verschüttet sein, wieder willkommen zu heißen und in unser Gesamt-Ich zu integrieren. Dazu benötigen wir wiederum das System der Homöodynamik, um die Emotionen als Signale überhaupt wahrzunehmen.

Als Fazit lässt sich festhalten: Um uns weiterzuentwickeln, benötigen wir ...

1. einen konkreten Plan, den wir mit unseren Handlungen verfolgen bzw. eine konkrete Fragestellung, an deren Ergebnissen wir die Reaktion unserer Emotionen messen können.
2. das Wissen um unseren speziellen Umgang mit Mustern (z.B. Konflikten und Stress) in unserem Leben, um die Bedeutung abweichender Fälle zu realisieren.
3. das Wissen um unsere Motive, Werte und Bedürfnisse, die uns glücklich machen, die realistisch sind und die wir langfristig anstreben.

Mit diesem Gerüst können wir unsere Weiterentwicklung langfristig angehen.

---

100 Siehe Anges Wild: Die Persönlichkeitstheorie Rogers ..., S. 69, in: Gesellschaft für Wissenschaftliche Gesprächspsychotherapie: Die Klientenzentrierte Gesprächspsychotherapie, Kindler 1975

# 12    Am Beispiel Entscheidungsfindung

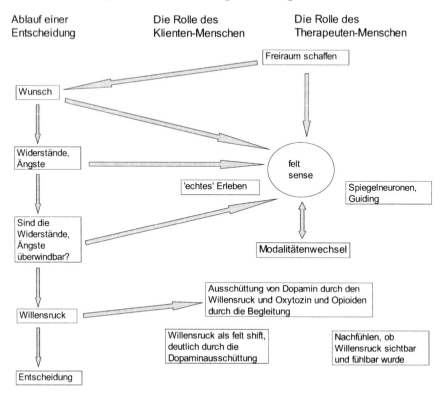

Der Wunsch nach einer Veränderung ist meist implizit vorhanden, benötigt jedoch genügend Freiraum, um wachsen zu können. Wären da nicht Widerstände, Hindernisse, Sorgen und Befürchtungen, so würde der Wunsch vermutlich recht schnell in die Tat umgesetzt werden. Doch die Ängste, nicht gut genug zu sein oder bei anderen etwas Negatives auszulösen hindern die Klienten-Menschen an der Umsetzung. Folglich wird die komplette Situation, mitsamt den Zielen, Wünschen, Hindernissen und Sorgen im felt sense 'erfasst'. Dieses Erfassen spüren Therapeuten-Menschen durch die wirkenden Spiegelneuronen nach, um zu 'wissen', was gerade mit dem Klienten-Menschen 'los ist'. Nun stellt sich die Frage, ob es genügend Ressourcen beim Klienten-Menschen gibt, um die Widerstände anzugehen und aufzulösen. Eine Frage, die sich Berater-Menschen durch Modalitätenwechsel von allen Seiten ansehen. Irgendwann im Prozess überwiegen die positiven Erwartungen die Befürchtungen, sodass ein Willensruck entsteht ("Ich schaffe das!"), unterstützt durch die fließenden Bindungshormone des Therapeuten-Menschen. Dieser Willensruck wird durch einen felt shift deutlich, u.a. anhand einer deutlichen Veränderung eines Körperverhaltens, beispielsweise wenn ein vorher ständiges Räuspern aufhört oder der Klienten-Mensch sich sichtbar aufrichtet.

# 13 Fazit – oder:
## Warum es im Focusing so wenige Methoden gibt

Vieles das sinnvollerweise während eines Focusing-Prozesses – sowohl auf der Begleiter- als auch auf der focusierenden Seite – passiert lässt sich mittlerweile neurowissenschaftlich nachweisen. Dabei ist und bleibt es natürlich immer spannend, die Grenzen verschiedener Wissenschaften oder Theorien auszuloten, da jede Richtung von sich aus so reich an Gedanken und Erkenntnissen ist, dass es schade wäre, dies nicht auch für andere Gedankenmodelle zu nutzen.

Ich persönlich bin immer wieder erstaunt, wie wenig Focusing im Vergleich zu anderen Therapiearten mit Methoden auskommt. Eine Erklärung liegt in den dargestellten neurowissenschaftlichen Erkenntnissen: Jedesmal wenn wir eine Methode anwenden, wird die Wirklichkeit des Menschen, der therapeutisch oder beraterisch begleitet wird um ein gutes Stück reduziert. Oder anders erklärt: Wenn wir einen Löffel nehmen, um einen Joghurt zu essen, werden wir uns abmühen, aber dennoch nicht alles essen können, was in dem Becher enthalten ist. Sicher benötigen wir zuerst ein Instrument, um die große Masse herauszulöffeln (einen Zugriff zu finden). Doch wenn wir mit unseren Fingern (unserem Fingerspitzengefühl!) den letzten Rest angehen, wird der Becher ratzeputz leer – und das auf eine ganz einfache Art und Weise. Dazu ist allerdings auch ein wenig Mut nötig, insbesondere wenn wir in Gesellschaft sind.[101]

Hierin liegt eine Weisheit, die sich neurobiologisch stützen lässt: Die zu beratende Person ist diejenige, deren Körper ihren Weg bereits kennt. Als Berater begleite ich ihn ein Stück und helfe ihm, diesen Weg, den er aus den Augen verloren hat, wieder zu sehen und aufzunehmen. Doch dazu bedarf es weniger Methoden, als vielmehr der Fähigkeit des Nachempfindens. Der Fähigkeit dessen, was in den Spiegelneuronen oder der systemischen Intuition enthalten ist. Erst die Wahrnehmung dieser simulierten Fremd-Programme in uns und gleichzeitig die Kompetenz der Trennung zwischen dieser 'Fremd-Intuition' und der eigenen, ganz persönlichen Intuition ermöglicht es, anderen einen Response zu geben. Welcher Therapeuten-Mensch kennt nicht das Erleben, sich in den Zustand eines Klienten-Menschen hineinziehen zu lassen, ohne sich sinnvoll abgegrenzt zu haben. Und plötzlich ist nicht nur die zu beratende Person träge, sondern auch der Therapeuten-Mensch ist es.

Deshalb bedarf es auch der Fähigkeit eines guten Guidings, der Fähigkeit, für den eigenen Freiraum zu sorgen und schließlich der Kompetenz, den Freiraum des Gegenübers zu kreieren, um auf beiden Seiten einen freien, kreativen Fluss zu fördern, der je nach Bedarf in die eine oder andere Richtung gelenkt wird.

All dies stützt sich idealerweise auf neurobiologische Erkenntnisse, da diese erklären, welche Welten in unserem Gehirn ablaufen – welche Welten sich hinter den bekannten Fassaden befinden. Das Andocken an und Mitschwingen mit diesen Welten scheint bereits zu genügen, um Prozesse in Gang zu bringen, in Gang zu halten und neue. Um neue positive Gänge zu bahnen, brauchen wir meist – im Sinne des Response – ein wenig mehr an Guiding.

Diese Ähnlichkeiten zwischen Neurowissenschaften und Focusing führen dazu, dass Sie, v.a. wenn Sie ein Buch von Damasio in die Hand nehmen, darin inhaltlich eine ganze Menge Focusing entdecken, und das nicht nur zwischen den Zeilen – auch wenn Focusing mit keinem Wort erwähnt wird. Dennoch sollte eines klar sein, wie Gendlin betont: Das was sich Neurowissenschaftler (statistisch und auf den einzelnen Menschen bezogen natürlich unscharf) von außen ansehen, kann im Focusing (individuell und genau) von

---

101 Dasselbe gilt fürs 'Teller abschlecken' an Omas Esstisch, auch wenn es natürlich sehr coole Omas gibt!

innen angeschaut werden. In diesem Sinne bleiben die Neurowissenschaften nur ein Teil dessen, was in Focusingprozessen passiert.

Gendlin meint dazu[102]: In gewisser Weise ist alles relativ. So werden auch Entscheidungen dadurch geprägt, dass die Kultur, Erziehung und Sozialisation in uns lebt und zu bestimmten Themen einen positiven, zu anderen einen negativen Bezug haben. Letzten Endes sind dies unsere Werte, Bedürfnisse und Motive. Und diese Motive führen zu einem Konzept von der Welt, in dem wir sagen: Wenn die Welt uns dies bietet und so und so ist, dann fühlen wir uns gut. Wenn nicht, dann fühlen wir uns schlecht. Vor diesem Hintergrund ist jede Entscheidung subjektiv und objektiv zugleich – insbesondere im Moment der Konfrontation mit der Umwelt.

Zusätzlich gibt es in den Neurowissenschaften kein Äquivalent zum felt sense. Dies wird es meiner Meinung nach auch niemals geben. Für mich klingt diese Suche danach so, als ob man einen Menschen komplett seziert, seine Körpermerkmale, Gefühle, Sinne usw. entdeckt, aber immer noch auf der ewigen Suche nach seiner Seele ist. Wer Focusing kennt, kennt auch diese Seele, diese Gesamtheit von allem. Doch greifen und festhalten – insbesondere auf Gehirn-Scannern – lässt sie sich deshalb noch lange nicht. Doch wer weiß schon, was die nächsten zehn Jahre an Forschungsergebnissen bringen ...

---

102 Sinngemäß in Wiltschko (Hrsg.): Focusing und Philosophie.

# Anhang

Zum Abschluss noch ein kurzer Anhang, der als Nachschlagewerk zum Thema Bilder, Symbole und Körpersprichwörter gedacht ist.

## a. Bilder und Symbole oder: Speichern Sie ab, was Sie sehen!

Bilder und Symbole helfen uns, alte Erkenntnisse aus alten Prozessen mitzunehmen und an einem neuen Punkt, einem neuen Focusing-Prozess wieder anzudocken. Sie helfen uns, uns zu verbildlichen, wo wir gerade stehen. Sie helfen uns, von einer Ebene zur nächsten zu kommen: von den Körperempfindungen und unserem Körper-Verhalten zu den somatischen Markern, Emotionen und Gefühlen und von den Emotionen zu den Motiven, Bedürfnissen und Werten. Und Sie helfen uns, einen gesamten Prozess ressourcenschonend als Bild oder Symbol abzuspeichern. Dies wird neurobiologisch dadurch möglich, dass alles mit allem verknüpft ist: Gedanken und Ideen mit Emotionen und Körperempfindungen mit Bildern, Glaubenssätzen und inneren Befehlen mit Geschmäckern und Gerüchen. So reicht oftmals ein Bild, um all dies – den gesamten Komplex – wieder abzurufen. Dies ist insbesondere im Alltag eine unschätzbare (Motivations-) Hilfe.

Unser Leben besteht aus einer Vielzahl an Symbolen. Manche – u.a. aus dem Bereich der Psychoanalyse C.G. Jungs – betrachten Symbole mit einer beinahe mythischen Verehrung. Die Vergangenheit steckt in ihnen, Symbole haben eine Geschichte. Und ja: einige Symbole, Bilder oder 'Wesen', die in Ihrem Prozess aufgetaucht sind, sind sicherlich mit dem, was Jung das kollektive Unterbewusste nennt, aufgeladen. Es stellt sich nur die Frage: Was bedeutet das für uns bzw. jede/n Einzelne/n von uns? Insbesondere, wenn wir nicht wissen, was dieses kollektive Unterbewusste aussagt, also ungeprägt sind. Wenn ein Wolf in Bildern auftaucht, kann dies Stärke und Überlebenswille ausdrücken – oder eine böse Macht. Ganz sicher sind sich da die unzähligen Symbole-Lexika auch nicht.

Wie tief Sprichwörter gehen können bzw. wie real oft ihr Gehalt ist zeigt das Sprichwort "Unter die Haut gehen". Dazu Damasio[103]: Die oberen Hautschichten sind wichtig für unseren Tastsinn. Die unteren jedoch für unsere Temperaturregulation. Wenn uns etwas wirklich unter die Haut geht, so wie dies bei Verbrennungen der unteren Hautschichten der Fall ist, kann dies lebensbedrohliche Folgen haben.

Häufige Symbole und Metaphern
Aus der Tierwelt
- Vögel als Symbol der Freiheit oder der Nicht-Angreifbarkeit,
- weiße Tauben als Symbole der Hoffnung,
- Katz und Maus als Symbole für einen ewigen Kampf,
- ein Spinnennetz als Zeichen der Angst, in etwas gefangen zu sein,
- Wölfe als hinterlistige oder durchhaltefähige Einzelkämpfer,
- Schafe als ein Zeichen für Dummheit,
- ein Löwe oder Tiger als Symbol der Stärke,
- eine Ameise als Symbol für schnell und fleißig,

---

103 Siehe Damasio: Ich fühle also bin ich, S. 185

- ein Elefant als Symbol der Standhaftigkeit,
- eine Schlange oder ein Fuchs als Zeichen für Hinterlist, Gerissenheit und Klugheit.

Aus der Märchenwelt
- ein Brunnen zur Labung des Durstes,
- eine Prinzessin oder ein Baby als Zeichen für Unschuld oder Reinheit,
- eine Krone, eine goldene Kugel, ein Zepter als Zeichen für einen großen Schatz oder
- ein Schloss als Symbol der Stärke, Sicherheit oder des Eingesperrt-Seins.

Aus der Welt der Farben
- grün oder orange wirken beruhigend,
- rot wirkt eher aggressiv, zum Beispiel als Stop-Signal,
- blau wirkt seriös und
- gelb wirkt aktivierend.

Aus der Natur
- Wolken, Nacht, Nebel oder Dunkelheit als Zeichen der Unsicherheit, Orientierungslosigkeit, Unwissenheit, Unklarheit oder Dumpfheit,
- ein Abgrund als Zeichen für Angst vor der Zukunft,
- ein Berg als Hindernis,
- (die) Erde als Sinnbild für einen Nährboden,
- ein Felsen als Zeichen der Stärke (auf Fels gebaut haben),
- Feuer als Symbol der Leidenschaft und Energie,
- Sumpf als Symbol dafür, in etwas verstrickt zu sein,
- ein Tal stellvertretend dafür unten zu sein und einen Neuanfang vor sich zu haben,
- ein Apfel als Zeichen der Fruchtbarkeit und Verführung,
- ein Kaktus stellvertretend für einen ein Makel, der uns stört
- Wald als Zeichen für fehlenden Durchblick oder Schutz
- Blumen oder ein Baum als Symbol des Wachstums und der Verwurzelung oder der puren Schönheit,
- die Sonne als Symbol der Kraft, des Wachstums und der Schönheit, aber auch der Hitze und Verdorrung,
- ein Fluss als Symbol der Stärke, Fruchtbarkeit und Dauerhaftigkeit, im eigenen Rhythmus sein oder gegen den Strom schwimmen,
- Wind oder Fahrtwind als Symbol der Freiheit und Aktivität, kalter Wind jedoch als Zeichen des Frostes und der Angst,
- eine einsame Insel als Bild der Ruhe und Einsamkeit,
- Stürme als Zeichen der Veränderung,
- das Meer, auch Wellen oder allgemein Wasser als Symbol für Weite, Hoffnung, Unendlichkeit, Stärke und Geborgenheit, aber auch als aggressive angstmachende Urgewalt (ebenso Vulkanausbrüche oder Erdbeben) oder als emotionale Überflutung,

- Schnee als Zeichen für Kälte oder – wenn wir uns drinnen befinden statt im Schnee – der Geborgenheit, des Einkuschelns oder
- Sand stellvertretend zum Verrinnen der Zeit.

Gegenstände und Gebäude

- ein Stop-Schild als Symbol auf dem falschen Weg zu sein,
- Mauern zur Abgrenzung, als Hindernis oder als Schutz,
- ein Kreisel, Karussell oder Ventilator als Symbole für Verwirrung, Hektik, Unruhe oder ein bewegtes Leben,
- Watte als Zeichen für Weichheit,
- ein Leuchtturm oder normaler Turm als Symbol der Hoffnung, des Überblicks, aber auch der Einsamkeit,
- Messer oder Pistolen als Zeichen für Macht oder Gewalt, etwas zerteilen, etwas abschneiden und hinter sich lassen,
- Ringe und Schmuckketten als Zeichen der Verbundenheit,
- ein Buch als Symbol der Weisheit,
- Fenster für den Blick nach draußen,
- Flügel, Fliegen oder ein Schiff als Zeichen der Freiheit,
- ein Fallschirm als Symbol der Spannung und Sicherheit,
- ein Gefängnis als Symbol des eingeschränkt Seins,
- eine Glocke als Warnung oder Signal,
- ein Grab stellvertretend für Ruhe und Endgültigkeit,
- ein Hafen als Symbol für Ankunft oder Abfahrt, je nachdem für Sicherheit oder Neugier und Lebendigkeit,
- ein Haus stellvertretend für Geborgenheit und Sicherheit,
- Knoten als Zeichen der Spannung,
- ein Kreis als Zeichen der Harmonie,
- Kuchen als Symbol der Teilung, des Festes und der Nahrung[104],
- Labyrinth als Symbol für eine ausweglose Situation oder die Suche nach dem Ausweg,
- ein Netz als Zeichen der Sicherheit oder etwas einzusammeln,
- Öl als Symbol für ein Feuer anfachen oder um etwas zu leichtgängiger zu machen,
- ein Puzzle für fehlende Klarheit,
- Reisen als Zeichen der Veränderung,
- ein Ruderboot als Bild der Anstrengung,
- ein Schirm als Schutz,
- ein Schlüssel als Türöffner,
- Spiegel zur Selbsterkenntnis,
- eine Spirale als Sinnbild der Weiterentwicklung,
- eine Straße oder ein Weg als Symbol unterwegs zu sein, auf der Suche zu sein, einen Plan zu haben oder ein Ziel anzusteuern,

---

104 Der zynische Spruch: "Dann lasst sie Kuchen essen!" als Antwort auf die Proteste der Menschen während der Französischen Revolution, sie hätten kein Brot zu essen, ist damit natürlich nicht gemeint. Der Satz wurde Marie Antoinette in die Pumps geschoben, beruht aber auf übler Nachrede.

- ein Tunnel als Hinweis eine eingeengte Sichtweise zu haben, ein Transformation durchzumachen,
- die Uhr als Symbol der Vergänglichkeit oder
- Wachs als Zeichen der Formbarkeit.

Menschliches, allzu Menschliches
- Fallen als Zeichen, die Kontrolle zu verlieren,
- Baden als Akt der Reinigung,
- Blut als Symbol für Energie und Lebenskraft,
- Nacktheit als Zeichen, ungeschützt, offen und unbekümmert zu sein,
- Regen oder Tränen als Zeichen der Läuterung,
- ein Schatten als Sinnbild für ein Etwas im Hintergrund, ein ungenütztes Potential oder
- Schwimmen als Akt der Unsicherheit oder des Kampfes mit dem Wasser.

Sicherlich finden Sie einige Bilder und Symbole, die für Sie genau das ausdrücken, was ich beschrieben habe. Doch nehmen Sie die Vorschläge für die Deutungen der Symbole nicht zu ernst. Es mag sein, dass Sie (oder eine zu beratende Person von Ihnen) zu einem Symbol ein ganz anderes Gefühl haben (hat) oder dass bestimmte Symbole für Sie (oder ihn) ganz andere Bedeutungen haben. Es gibt hier kein falsch oder richtig. Anders formuliert: Statistiken lügen nie – zumindest nicht für die 80%, für die sie gelten.


## b. Körper-Sprichwörter

Sprichwörter sind ein Spiegel unserer Sprache. Viele haben sich über Jahrhunderte hinweg entwickelt. Sie drücken meist etwas aus, das wir uns nicht trauen, direkt zu sagen oder den Zugang dazu verloren haben. Sprichwörter, Metaphern, Sprachbilder – die Übergänge sind fließend, eine genaue Trennung erscheint wenig sinnvoll. Wichtig ist vielmehr die Tatsache, dass viele dieser transportierten Bilder – ob unbewusst oder bewusst dahin gesagt – etwas aussagen, dass oft eine tiefere Bedeutung für uns hat. Ich denke, dass wir diese Bilder in aller Regel nicht nur benutzen, weil sie schön klingen. So theaterhaft ist die Bühne des Lebens meist nicht – leider nicht. Vielmehr klingt in diesen Sprachbildern das an, was hinter unserer offiziellen Sprache steckt.

Ich habe für Sie die wichtigsten und bekanntesten Körper-Sprichwörter zusammengestellt. Nehmen Sie dies als Orientierung und Anregung im Umgang mit Ihrer eigenen Sprache im Alltag oder als Angebot in Focusing-Prozessen. Viele Sprachbilder fehlen natürlich. Sprachbilder, die nicht unbedingt in einem Sprichwörter- Lexikon wie dem 'Großen Röhrich' stehen. Sie beziehen sich zu sehr auf einzelne emotionale Befindlichkeiten wie "ich habe Feuer gefangen" oder im Gegenzug dazu "ich bin ausgebrannt". Eine diesbezügliche Liste würde den Rahmen hier sprengen.

**Sonstiges**
Ich fühle mich kaltgestellt.
Das lässt mich kalt.
Ich will im Boden versinken.
Ich bekomme keine Luft mehr.
Ich bin blind vor Wut.
Das geht mir durch Mark und Bein.

Das Lachen bleibt mir im **Hals** stecken.
... vom Halse schaffen.
Den Hals voll haben.
Das Wasser steht mir bis zum Hals.

Den **Kopf** in den Wolken haben.
Ich weiß nicht, wo mir der Kopf steht.
Den Kopf hängen lassen.
Mit dem Kopf durch die Wand wollen/müssen.
Sich auf den Kopf stellen.
Nicht wissen, wo einem der Kopf steht.
Den Kopf in der Schlinge haben.
Der Kopf ist voll.
... wächst mir über den Kopf.
Es geht um Kopf und Kragen.
Den Kopf in den Sand stecken.
Den Kopf verlieren.
Mir schwirrt der Kopf.
... hat mir den Kopf verdreht.
Vom Kopf auf die Beine / Füße gestellt.
Mir dreht sich der Kopf!

Die **Haare** stehen zu Berge.
Die Haare raufen.
Graue Haare bekommen.

Die **Nase** voll haben.
An der Nase herumgeführt fühlen.

Die **Augen** vor etwas verschließen.
... fällt mir wie Schuppen von den Augen.
... öffnet mir die Augen.
Mit offenen Augen schlafen.
Sand im Auge haben.

**Sonstiges**
Das geht mir an die Nieren.
Ich könnte platzen.

Die Faust im **Nacken** spüren.
Jemandem im Nacken sitzen.

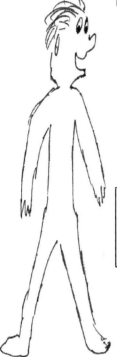

sich den **Rücken** krumm machen
jemandem in den Rücken fallen
mit dem Rücken zur Wand stehen
etwas hinter jemandes Rücken tun
jemandem / einer Sache den Rücken kehren
es läuft einem (heiß und) kalt den Rücken herunter

Das schlägt mir auf **Magen**.
Mein Magen dreht sich um.
... liegt schwer im Magen.
Der Magen hängt mir in den Kniekehlen.

Aus voller **Brust** (singen).
Mit Stolz geschwellter Brust ...
Frei von der Brust weg reden.
Schwach auf der Brust sein.
Zwei Herzen schlagen in meiner Brust.
Jemandem setzt mir ein Messer / eine Pistole auf die Brust.

Aus der **Haut** fahren.

Nimm mich an die **Hand**.
... aus der Hand nehmen.
In den falschen Händen sein.
Mir sind die Hände gebunden.
Ich habe schmutzige Hände.
Meine Hände sind gebunden.
Ich habe freie Hand.
Mit ruhiger Hand ...
Ich sollte die Hände davon lassen.
Ich schlage die Hände über dem Kopf zusammenschlagen.
... händeringend ...

Zu kurze **Arme** haben.
Jemand fährt mir in den Arm / die Parade.
Ich stehe mit verschränkten Armen daneben.
Ich habe freie Arme.
Er / Sie lässt mich am langen Arm verhungern.

Ich bin schlecht zu **Fuß**.
Ich habe kalte Füße.
Die Füße sind schwer wie Blei.
Ich bekomme kein **Bein** auf die Erde.
Ich stehe mit beiden Beinen fest auf dem Boden.

# Literatur

Agor, W. H. – Intuitives Management, Gabal 1994

Bandura, A. – Self-Efficacy, Palgrave Macmillan 2004

Bauer, J. – Prinzip Menschlichkeit, Hoffmann und Campe 2006

Bauer, J. – Warum ich fühle, was du fühlst, Heyne 2008

Bauer, J. – Das Gedächtnis des Körpers, Piper 2008

Beaulieu, D. – Impact-Techniken für die Psychotherapien, Carl-Auer 2007

Busch, B. G. – Denken mit dem Bauch, Kösel 2002

Caruso, D. und Salovey, P. – Managen mit emotionaler Kompetenz, Campus 2005

Cornell, A.W. – Focusing, der Stimme des Körpers folgen, Rowohlt 1997

Damasio, A. R. – Descartes' Irrtum, dtv 1998

Damasio, A.R. – Ich fühle, also bin ich – Die Entschlüsselung des Bewusstseins, 2002

Damasio, A. R. – Der Spinoza-Effekt, dtv 2007

Dambmann, U. M. – Erfolgsfaktor Gehirn, LIT-Verlag 2004

de Bono, E. – Laterales Denken für Führungskräfte, Mc Graw Hill 1984

Dietz, S. – Erfolg mit Emotionen, Sauer-Verlag 2001

Ekman, P. – Gefühle lesen, Spektrum 2007

Gendlin, E. T. – Focusing, Selbsthilfe bei der Lösung persönlicher Probleme, Rowohlt 2004

Gendlin, E. T. – Focusing und Entscheidungsfindung 1986 (Herkunft unbekannt)

Gesellschaft für Wissenschaftliche Gesprächspsychotherapie: Die Klientenzentrierte Gesprächspsychotherapie, Kindler 1975

Gladwell, M. – Blink. Piper 2008

Gigerenzer, G. – Bauchentscheidungen, Bertelsmann 2007

Gilbert, D. – Ins Glück stolpern, Goldmann 2008

Hüther, G. – Bedienungsanleitung für ein menschliches Gehirn, Vandenhoeck & Rupprecht, 2005

Hüther, G. – Biologie der Angst, Vandenhoeck & Rupprecht, 2002

Klein, S. – Mitgefühl ist Eigennutz, Interview mit Vittorio Gallese, in: Zeit-Leben Nr. 21

Klein, S. – Einfach glücklich, Rowohlt 2004

Ledoux, J. – Das Netz der Gefühle, dtv 2001

Ledoux, J. – Das Netz der Persönlichkeit, dtv 2006

Lelord, F., André, C. – Die Macht der Emotionen, Piper 2008

Martens, J.U., Kuhl, J. – Die Kunst der Selbstmotivation, Kohlhammer 2005

Neuweg, G. H. – Könnerschaft und implizites Wissen, Zur lerntheoretischen Bedeutung der Erkenntnis- und Wissenstheorie Michael Polanyis, Waxmann Verlag GmbH 2004

Renn, K. – Dein Körper sagt dir, wer du werden kannst, Herder Spektrum 2006

Röhrich, L. – Lexikon der sprichwörtlichen Redensarten, Band 1 – 5, Herder 2001

Rogers, C. – Die Klientenzentrierte Gesprächspsychotherapie,

Roth, G. – Persönlichkeit, Entscheidung und Verhalten, Klett-Cotta 2008

Schneider, K. und Schmalt, H.-D. – Motivation, Kohlhammer 2000

Seligman, M. – Der Glücksfaktor, Lübbe 2005

Seidel, W. – Emotionale Kompetenz - Gehirnforschung und Lebenskunst, Elsevier 2004

Servan-Schreiber, D. – Die Neue Medizin der Emotionen, Goldmann 2006

Spitzer, M – Nervensachen, Suhrkamp 2003

Spitzer, M – Nervenkitzel, Suhrkamp 2006

Ulich, D., Mayring, P. – Psychologie der Emotionen, Kohlhammer 2003

Wassmann, C. – Die Macht der Emotionen, Primus Verlag 2002

Weber, H. – Ärger, Psychologie einer alltäglichen Emotion, Juventa Verlag 1994

Wiltschko, J. (Hrsg.) – Focusing und Philosophie, Facultas-Verlag 2008

Zimmer, K. – Gefühle, unser erster Verstand, Diana-Verlag 1999